高职高专电子信息类专业“十二五”规划系列教材

C语言程序设计项目教程

主　编　卢丽君　褚翠霞
主　审　胡华文
副主编　付晓军　徐　明　王晓锋
参　编　向　凡　汪雅丹　杨　婷
　　　　何正轩　李苏婷　马红艳

U0286591

华中科技大学出版社
中国·武汉

内容提要

本书以学生成绩管理系统为例，按照企业工作过程实境、项目模块化方式讲述了C语言程序设计的原理与应用。全书共九个项目，内容分别是：认识C语言、C语言的基本数据类型、学生成绩管理系统一级界面的设计、学生成绩管理系统一级界面的选择及二级界面的设计、学生成绩管理系统的成绩录入、学生成绩管理系统的成绩显示、学生成绩管理系统的成绩查询、学生成绩管理系统学生信息的插入和删除、C语言位运算符。附录中给出了C语言中的关键字、标准ASCII码字符编码、C语言运算符与结合性，以及C语言常用标准库函数，便于读者查阅。

本书适用于高职高专院校、中职学校、函授学院等计算机类、电子信息类、机电类、自动化类、模具类等专业的"C语言程序设计"课程的教材，也可供相关技术人员作为参考书。

图书在版编目(CIP)数据

C语言程序设计项目教程/卢丽君，褚翠霞主编. —武汉：华中科技大学出版社，2014.8
ISBN 978-7-5680-0342-1

Ⅰ.①C… Ⅱ.①卢… ②褚… Ⅲ.①C语言-程序设计-教材 Ⅳ.①TP312

中国版本图书馆CIP数据核字(2014)第183175号

C语言程序设计项目教程 卢丽君 褚翠霞 主编

策划编辑：谢燕群 朱建丽
责任编辑：朱建丽
封面设计：范翠璇
责任校对：何 欢
责任监印：周治超
出版发行：华中科技大学出版社(中国·武汉) 电话：(027)81321913
武汉市东湖新技术开发区华工科技园 邮编：430223
录 排：武汉市洪山区佳年华文印部
印 刷：北京虎彩文化传播有限公司
开 本：710mm×1000mm 1/16
印 张：15
字 数：300千字
版 次：2018年8月第1版第2次印刷
定 价：29.80元

本书若有印装质量问题，请向出版社营销中心调换
全国免费服务热线：400-6679-118 竭诚为您服务
版权所有 侵权必究

高职高专电子信息类专业“十二五”规划系列教材

编 委 会

主　任　王路群　武汉软件工程职业学院

副主任　（以姓氏笔画为序）

王　彦　武汉铁路职业技术学院
方风波　荆州职业技术学院
何统洲　郧阳师范高等专科学校
陈　晴　武汉职业技术学院
袁继池　湖北生态工程职业技术学院
徐国洪　仙桃职业学院
黄帮彦　武汉船舶职业技术学院
熊发涯　黄冈职业技术学院

委　员　（以姓氏笔画为序）

牛冀平　黄冈科技职业学院
孙　毅　湖北城市建设职业技术学院
刘斌仿　仙桃职业学院
李建利　湖北三峡职业技术学院
李晶骅　湖北工业职业技术学院
何　琼　武汉软件工程职业学院
汪建立　鄂州职业大学
陈　刚　武汉铁路职业技术学院
陈希球　长江工程职业技术学院
明平象　武汉城市职业学院
罗幼平　黄冈职业技术学院
周从军　湖北国土资源职业学院
胡新和　咸宁职业技术学院
段昌盛　恩施职业技术学院
聂俊航　湖北交通职业技术学院
夏德洲　湖北工业职业技术学院
韩光辉　武汉商学院
曾　志　咸宁职业技术学院
蔡　明　武汉信息传播职业技术学院
魏　亮　武汉语言文化职业学院

前　言

在2014年度职业教育与成人教育工作会议上，教育部副部长鲁昕要求高职教育进一步推动专业设置与产业需求、课程内容与职业标准、教学过程与生产过程“三对接”，积极推进学历证书和职业资格证书“双证书”制度，为广大年轻人打开成才大门。

本书以“三对接”为主要编写思路，立足电子信息专业的人才培养，深入研究高职高专学生特点，调研企业工作过程，形成体现高职教育教学特色的基于工作过程的C语言程序设计。本书的特点主要包括以下几个方面。

(1) 基于工作过程的项目化教学设计。

本书以学生成绩管理系统为例，实境展现企业软件开发过程。根据软件开发过程，将综合项目划分为6个项目，每个项目横向独立，纵向相互联系且从简单到复杂。在企业实境中，6个项目由6个程序员同时进行，然后合并成系统。学生学完本书，合并6个项目形成学生成绩管理系统。

(2) 以工作任务为载体实现案例化教学。

本书共28个工作任务，本着教师提出问题→如何解决问题→学习知识点→学生自己解决问题的思路，将C语言程序设计的教学内容，循序渐进地逐级引出。

(3) 以可扩展性、操作性，贴近工作岗位为原则，选取综合项目，激发学生创新思维。

学生成绩管理系统与学生学习息息相关，学生对软件开发过程的步骤理解更加透彻，对课程内容与职业标准的融合潜移默化，更加贴近于企业工作岗位；将项目功能的不完善性预留出来，刺激学生的想象，激发学生的创新思维，易于培养学生的学习兴趣，增强学生的自学能力。

(4) 深入研究高职高专学生特点，以学生擅长的形象思维方式为出发点，培养学生编写程序的能力。

高职高专学生的普遍特点是，基础知识薄弱，对理论知识学习不感兴趣，技能训练兴趣浓，动手能力强。

根据这些特点，本书所有的程序实例，都是从软件的使用者和软件的编写者两个方面分析问题，从形象思维到理论研究，将学生不擅长的理论知识、复杂的逻辑关系，以图示或流程图的形式讲解，将复杂问题简单化。

(5) 本书立足电子信息专业系统化培养，支撑“单片机应用技术”学习。

本书的项目一“认识C语言”开篇与“计算机基础”联系紧密，引出C语言程序设计；项目九“C语言的位运算符”衔接“单片机应用技术”。让学生从宏观上把握课程与课程之间的联系。

由于本书编者水平有限，时间仓促，书中难免存在错误与不足，欢迎广大读者提出宝贵的意见。

编　者

2014年4月

目　　录

综合项目

学生成绩管理系统

要求

(1) 要有成绩录入,一次可以输入多门课程、多个学生的成绩。

(2) 可以显示所有学生成绩。

(3) 可以根据学生学号,查询一个学生成绩。

(4) 当有新学生来时,可以插入学生成绩。

(5) 在学生毕业后,可以根据学生学号删除学生成绩。

(6) 学生成绩管理系统至少有两级界面,且只允许有两级界面。

(7) 需有从二级界面返回一级界面的功能,一级界面要有退出管理系统的功能。

软件开发小知识

1. 软件开发的工作过程

软件开发的工作过程如图 0-1 所示。

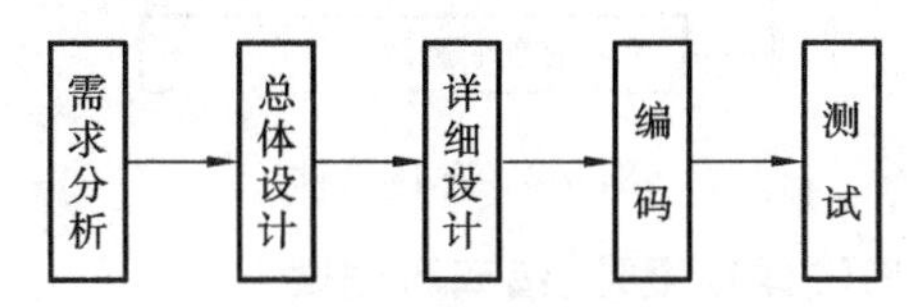

图 0-1　软件开发过程

1) 需求分析

确定目标系统必须具备哪些功能。

2) 总体设计

总体设计又称为概要设计,其任务是确定目标系统的基本处理流程、系统的组织结构、模块划分、功能分配等。

3) 详细设计

详细设计的任务主要是确定各功能模块的算法。

4）编码

编码的任务主要是编写目标系统程序。

5）测试

测试是为了发现程序中的错误而执行程序的过程。

2. 学生成绩管理系统需求分析

学生成绩管理系统的主要功能如下：

(1) 学生成绩录入；

(2) 显示学生成绩；

(3) 查询学生成绩；

(4) 插入学生成绩；

(5) 删除学生成绩；

(6) 退出系统。

3. 学生成绩管理系统总体设计

学生成绩管理系统总体设计如图 0-2 所示。

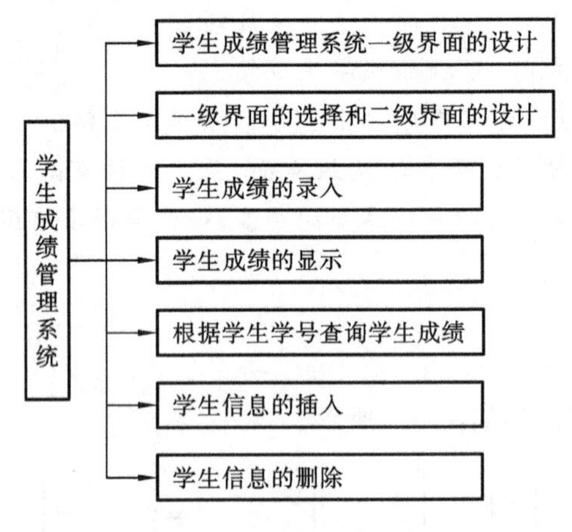

图 0-2　总体设计

4. 学生成绩管理系统详细设计、编码和测试

此部分内容在各项目中介绍。

项目一

认识C语言

本项目从前导课程“计算机基础”入手，首先让读者认识C语言及计算机是如何处理问题的，从宏观上把握C语言与计算机的联系；然后根据计算机处理问题的方法，从最简单的C语言程序开始，了解C语言程序的基本结构、运行步骤及方法。

项目重点、难点

(1) 计算机处理问题的方法。

(2) C语言程序的基本结构。

(3) C语言程序的运行步骤及方法。

(4) 计算机处理问题的方法。

任务一　什么是C语言

任务描述

1. 什么是计算机

计算机由硬件和软件组成，如图1-1所示，是以物理逻辑部件为物质基础，能够对信息进行自动处理的机器。

图1-1　计算机组成

计算机硬件是计算机中的物理逻辑部件，如主机、显示器、键盘等。

计算机软件是计算机中对信息进行处理的工具，如操作系统、办公软件、游戏等。

2. 什么是“信息”

“信息”包括图像、声音、文字等。在计算机中，信息最终都是以二进制数据来表示的。

3. 什么是C语言

C语言是对信息进行处理的软件工具之一，它也是一种编制计算机软件的开发工具。

基本知识

1. 计算机程序设计语言的发展

要让计算机按人们的意志进行工作，就必须使计算机能理解和执行人们给它的指令。如同人与人交流要通过语言一样，人和计算机之间的通信也要通过特定的语言，这就是计算机语言。计算机语言是人机交互的媒介，需要人和计算机都能理解它。更为准确地说，计算机语言通常是一个能够完整、准确和规则地表达人们的意图，并用于指挥或控制计算机工作的“符号系统”。

随着计算机技术的发展，如图1-2所示，计算机程序设计语言主要分为机器语言、汇编语言和高级语言等三代语言。

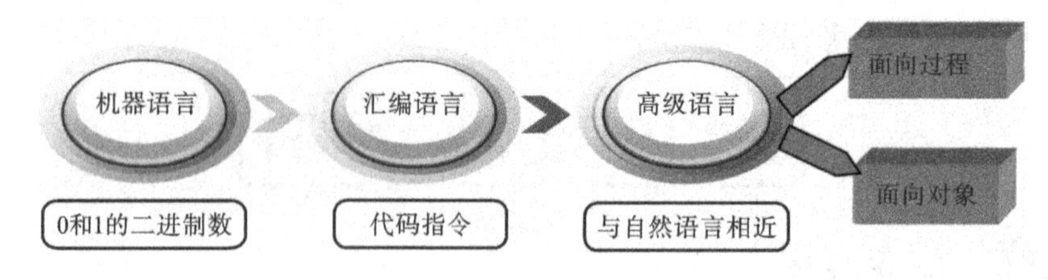

图1-2　计算机程序设计语言

1）机器语言

就本质而言，计算机只能识别0和1这样的二进制信息。每一类型的计算机都分别规定了由若干个二进制位信息组成的指令。例如，某8位字长的计算机以10000000表示“加”操作，以01110000表示“赋值传送”操作。这种计算机能直接识别和执行的二进制形式的指令称为机器指令。

2）汇编语言

为了克服机器语言难读、难写、难记和易出错的缺点，人们就用与代码指令实际含义相近的英文缩写词、字母和数字等符号来取代机器指令代码，如用ADD表示“加”，用SUB表示“减”等。ADD、SUB等称为“助记符”。这种以“助记符”代替二进制指令的语言称为汇编语言(又称为符号语言)。

3) 高级语言

机器语言和汇编语言是面向机器的,可移植性差,并且难学和不易推广,人们习惯上将它们称为低级语言。计算机的发展,促使了人们去寻求一些与人类自然语言相接近,且能被计算机接受的语意确定、规则明确、自然直观和通用易学的计算机语言。这种与自然语言相近并能被计算机接受和执行的计算机语言称为高级语言。

高级语言不再面向机器,而是面向过程或面向对象。也就是说,不必过多考虑机器内部构造和不同机器的特点,只要按照解题的过程写出相应的程序,计算机就能执行程序。

面向过程的高级语言有C语言等,面向对象的有C++、JAVA等。

2. C语言的发展

C语言是目前国际上广泛流行的计算机高级语言,适合作为系统描述语言。它既可以用于编写系统软件,也可以用于编写应用软件,集汇编语言和高级语言的优点于一身。

C语言的原型是ALGOL 60语言。

1963年,剑桥大学将ALGOL 60语言发展成为CPL(combined programming language)。

1967年,剑桥大学的Martin Richards对CPL进行了简化,于是产生了BCPL。

1970年,美国贝尔实验室的Ken Thompson将BCPL进行了修改,并为它起了一个有趣的名字"B语言",意思是将CPL语言中的精华提炼出来,并且他用B语言写了第一个UNIX操作系统。

1973年,美国贝尔实验室的Dennis M. Ritchie在B语言的基础上最终设计出了一种新的语言,他用BCPL的第二个字母作为这种语言的名字,即C语言。

为了推广UNIX操作系统,1977年Dennis M. Ritchie发表了不依赖于具体机器系统的C语言编译文本——"可移植的C语言编译程序"。

1978年,Brian W. Kernighian和Dennis M. Ritchie出版了名著《The C Programming Language》,从而使C语言成为目前世界上流行最广泛的高级程序设计语言。

随着微型计算机的日益普及,出现了许多C语言版本。由于没有统一的标准,这些C语言之间出现了一些不一致的地方。为了改变这种情况,美国国家标准学会(ANSI)于1983年成立了专门定义C语言标准的委员会,花了6年时间使C语言迈向标准化。随着C语言被广泛关注与应用,ANSI C标准于1989年被采用。该标准一般称为ANSI/ISO Standard C,成为现行的C语言标准,而且成为最受欢迎的语言之一。许多著名的系统软件都是由C语言编写的。

到了1995年，在ANSI C的基础上增加了一些库函数，出现了初步的C++。C++进一步扩充和完善了C语言，成为一种面向对象的程序设计语言。C++目前流行的版本是Microsoft Visual C++（简称VC++）6.0。VC++提出了一些更为深入的概念，它所支持的面向对象概念很容易将问题空间直接映射到程序空间，为程序员提供了一种与传统结构程序设计不同的思维方式和编程方法，但同时也增加了整个语言的复杂性，掌握起来有一定难度。

C语言是C++的基础，C++和C语言在很多方面是兼容的。因此，掌握了C语言，再进一步学习C++就能以一种熟悉的语法来学习面向对象的语言，从而达到事半功倍的效果。

3. C语言的特点

(1) 语言简洁、紧凑，使用方便、灵活，具有32个关键词、9种控制语言。

(2) 运算符丰富，包含34种运算符，适用范围广泛。

(3) 数据结构丰富，具有现代语言的各种数据结构。

(4) 具有结构化的控制语句，是完全模块化和结构化的语言。

(5) 允许直接访问物理地址，能进行位操作，能实现汇编语言的大部分功能，可直接对硬件进行操作，兼有高级和低级语言的特点 。

(6) 目标代码质量高，程序执行效率高，只比汇编程序生成的目标代码效率低10%～20%。

(7) 程序可移植性好（与汇编语言比），基本上不做修改就能用于各种型号的计算机和各种操作系统。

任务分析

计算机处理问题的方法，即用户输入数据，经过程序处理后，将结果输出给用户，如图1-3所示。

图1-3 计算机程序组成

一个完整的计算机程序一般包括输入、处理和输出等三个部分。

为了分析计算机的编程方法，我们一般可以从用户角度和程序员角度来解决问题。

1. 从用户角度分析

从用户角度来看，用户最关心的是输入和输出，而不需要了解中间的处理过程，如图1-4所示。一个计算机程序可以没有输入，但至少有一个输出。

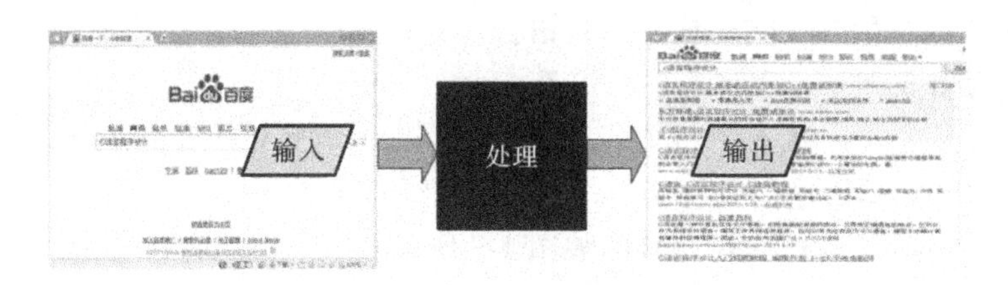

图 1-4 用户角度看程序

2. 从程序员角度分析

从程序员角度看程序，最关键的是处理过程，即解决问题的方法。如何将用户输入的数据，经过处理后得到想要的结果？

1）算法

人与计算机不能直接对话，如图 1-5 所示，人只能将要解决的问题转化成计算机能够读懂的语言，计算机才能为我们处理问题。

图 1-5 人机对话

例如，让计算机处理“50℉是多少摄氏度？”

首先将解决问题的步骤整理出来，然后将它转化成计算机语言，最后通过运行程序得出结果。程序员处理问题的方法如图 1-6 所示。

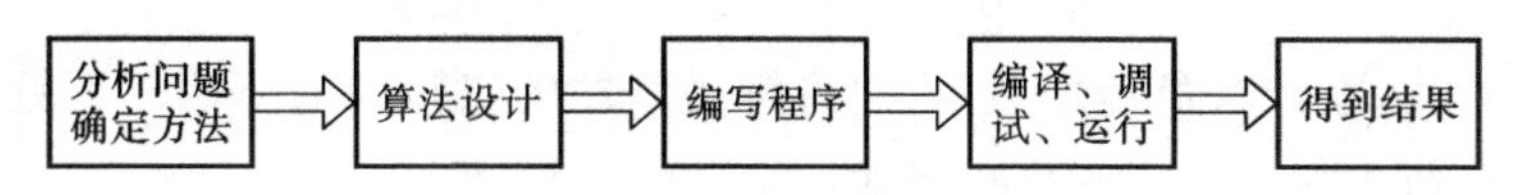

图 1-6 程序员处理问题的方法

从图 1-6 可以看出，所谓编程，就是用某种“方法”，去解决某一个“问题”的过程。

步骤一：算法设计。

(1) 列出 50℉。

(2) 通过公式计算 $t_{℃}=5/9(t_{F}-32)$。

(3) 将计算结果输出到屏幕上。

步骤二：编写程序(转化成计算机语言)。

(1) 列出 50℉⟶double f=50.0；

(2) 通过公式计算 $t_{C}=5/9(t_{F}-32)$⟶double c=(f-32) * 5/9；

(3) 将计算结果输出到屏幕上⟶printf("%1f\n",c)。

步骤三：编译、调试、运行程序，如图 1-7 所示。

```
H:\ff.cpp
#include<stdio.h>
void main()
{
    double f=50.0;
    double c=(f-32)*5/9;
    printf("%lf\n", c);

}
```

图 1-7　程序运行窗口

步骤四：得出结果，如图 1-8 所示。

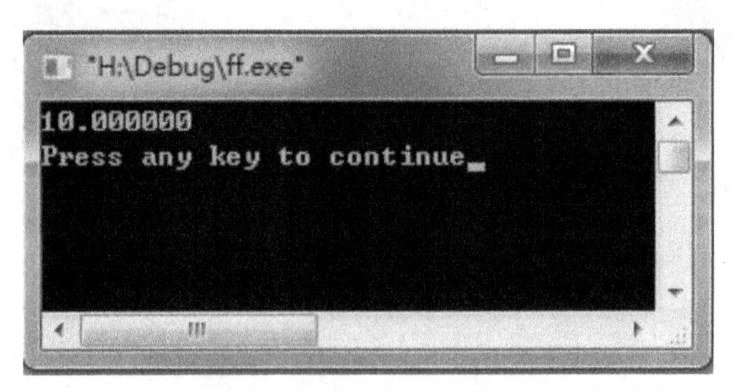

图 1-8　程序运行结果窗口

通俗地讲，在计算机程序中，我们将解决问题的步骤称为算法。可见，算法就是把问题分解为如下既定的执行步骤：

第一步，分析所要解决的问题，弄清要做什么(分析输入、输出数据)；

第二步，将问题分解成若干个步骤，使每一步骤最简单可行(分析算法)；

第三步，把每个步骤编制成程序(将算法转化为计算机语言)；

第四步，上机运行这个程序，得到问题的结果(输出结果)。

2) 算法的表示

算法可以用流程图和 N-S 图来描述。

(1) 流程图是用一些图框和流程线来表示各种操作及其操作顺序的。由一些特定意义的图形、流程线及简要的文字说明构成，它能清晰明确地表示算法中各步骤之间的关系和执行顺序。用这种方法表示算法，直观形象、易于理解。流程图中常用的基本图形如图 1-9 所示。

图 1-9 流程图中常用的基本图形

描述算法的基本单元结构有顺序结构、选择结构、循环结构。

顺序结构表示的是算法按照操作步骤描述的顺序依次执行的一种结构，用流程图来描述，如图 1-10 所示，按照操作步骤描述的顺序，依次执行 A、B、C 等部分。算法语言中没有专门实现顺序结构的控制语句。

选择结构表示的是按照条件的成立与否决定程序执行不同的方式，如图 1-11 所示。算法语言中通常设置专门的控制语句来实现选择结构，如 C 语言的 if 语句。

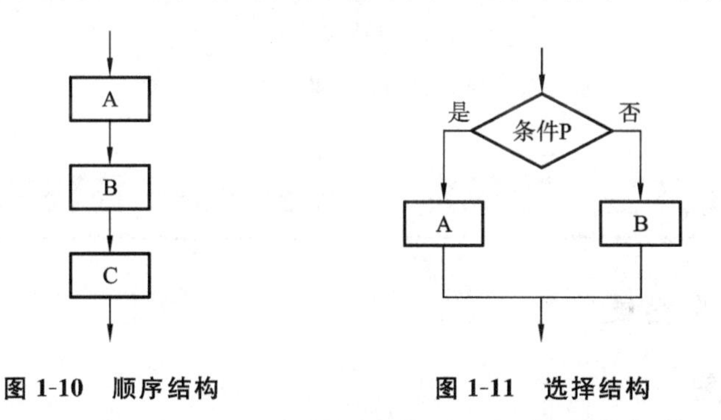

图 1-10 顺序结构 **图 1-11 选择结构**

循环结构又称为重复结构，它实现重复执行某一部分的操作。按循环判断条件和循环体出现的先后次序，可分为两类循环方式，当型循环和直到型循环，如图 1-12 所示。

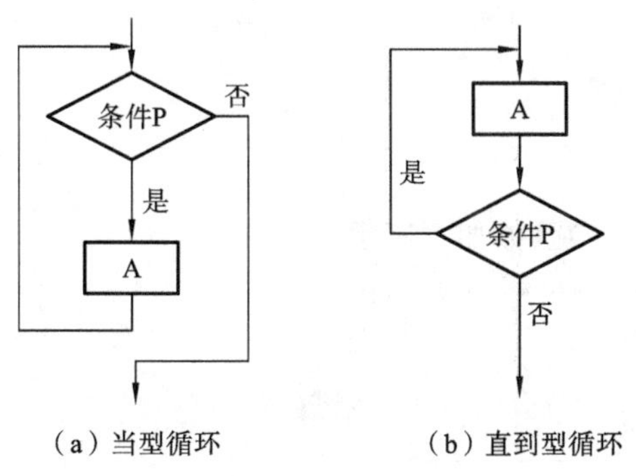

（a）当型循环 （b）直到型循环

图 1-12 循环结构

(2) N-S图把整个算法写在一个大框图内，这个大框图由若干个小的基本框图构成。N-S图的三种基本结构如图1-13所示。

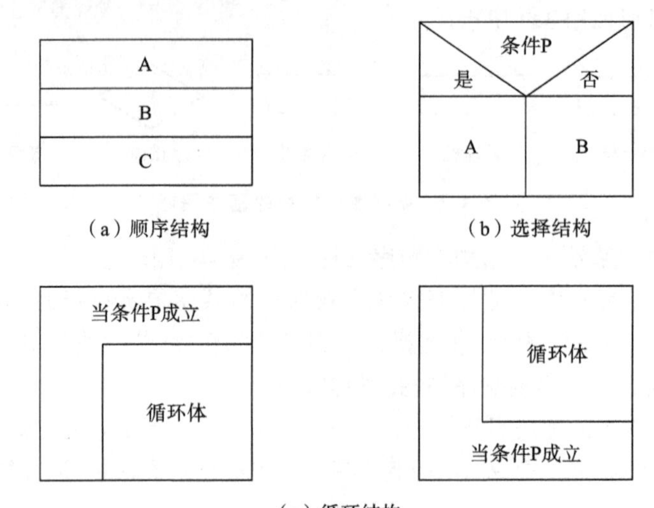

(a) 顺序结构　(b) 选择结构

(c) 循环结构

图1-13　N-S图的三种基本结构示意图

任务二　简单的"Hello World!"程序

任务描述

1. 任务理解

通过编写C语言程序，将"Hello World!"输出。

2. 任务知识点

(1) 主函数。

(2) 输出函数。

基本知识

1. main( )函数

一个完整的main( )函数如下所示：

函数头————————→ void main( )

主函数的开始————————→{

函数体

主函数的结束————————→}

(1) 函数头＝函数返回值类型＋函数名＋函数参数，"void"表示无返回值，主函数名为“main”，“( )”表示函数中没有参数。

(2) 每一个C语言程序有且仅有一个main( )函数。

(3) C语言程序的执行从主函数开始，也从主函数结束。

2. 标准printf( )函数

标准printf( )函数如下所示：

```
         void main ( )
         {
输出函数——>printf ("Hello World! \n");
         }
```

```
#include<stdio.h>
void main ( )
{
printf ("Hello World! \n");
}
```

(1) printf()为输出函数，是C编译系统提供的标准库函数。

(2) 要使用printf()函数，必须使用#include〈stdio.h〉将输入/输出库函数包含进来。

(3) “\n”表示换行。

(4) C语言程序的基本单位是函数。

任务分析

1. 从用户角度分析

输入：无。

输出：“Hello World!”。

2. 从程序员角度分析

算法设计如图1-14所示。

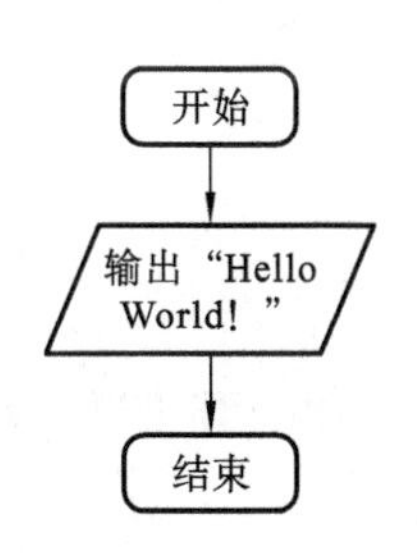

图1-14 任务流程图

程序编写

1. 程序编辑

编写的程序如图1-15所示。

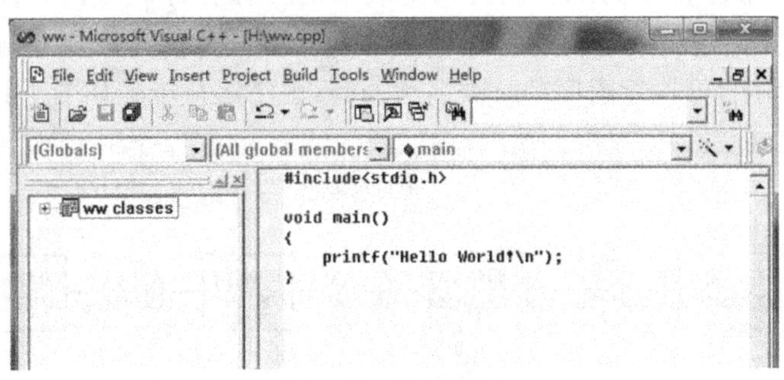

图1-15 编辑窗口

2. 调试、运行

调试、运行的结果如图 1-16 所示。

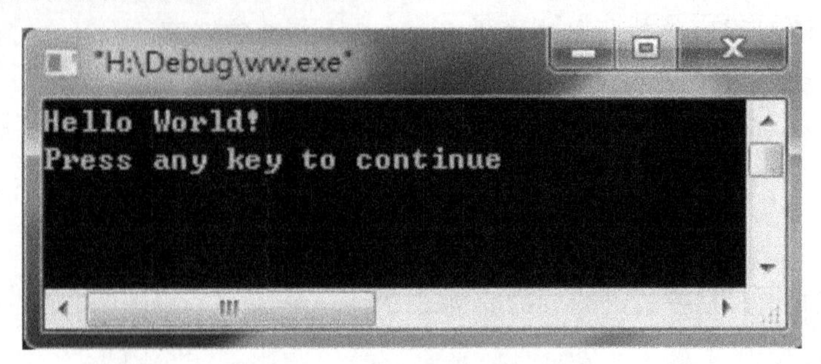

图 1-16 调试、运行结果窗口

任务三 输出由"*"组成的直角三角形

任务描述

```
*
* *
* * *
* * * *
```

图 1-17 直角三角形

1. 任务理解

编写 C 语言程序，使输出为如图 1-17 所示的直角三角形。

2. 任务知识点

(1) C 语言程序的运行步骤。

(2) C 语言程序的运行方法。

基本知识

1. C 语言程序的运行步骤

用 C 语言编写的程序称为源程序，其扩展名为. c。在计算机内部，源程序必须翻译为机器能够接受的二进制代码所表示的目标程序。目标程序的扩展名为. obj，可以把提供这个翻译功能的程序称为编译程序。编译程序经过进一步连接形成可执行程序，可执行程序的扩展名为. exe，程序运行步骤如图 1-18 所示。

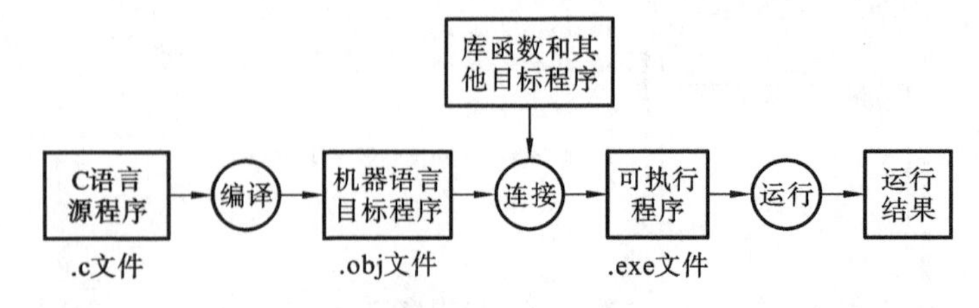

图 1-18 程序运行步骤

2. C语言程序的运行方法

C语言的开发环境有Turbo C与Visual C++ 6.0，本书以Visual C++ 6.0为操作平台，介绍C语言的应用。

在此简单介绍在Visual C++ 6.0(以下简称VC++)集成环境中，如何建立C语言程序，以及如何编辑、编译、连接和运行C语言程序。

1) 启动Visual C++

选择“开始”菜单的“程序”项中的Microsoft Visual C++ 6.0命令，启动Visual C++ 6.0编译系统。Visual C++ 6.0主窗体如图1-19所示。

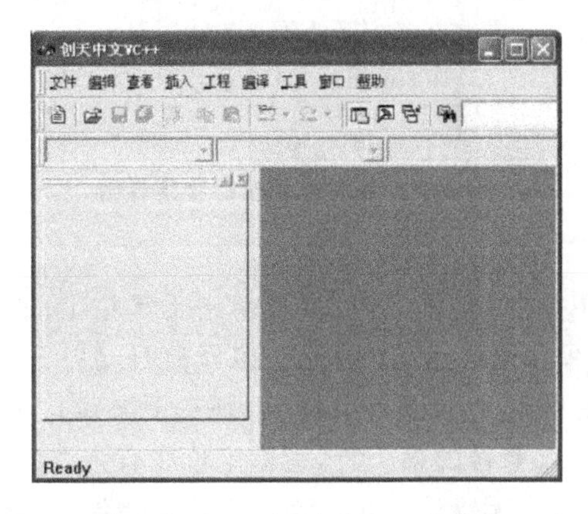

图1-19 Visual C++ 6.0主窗体

2) 新建文件

选择“文件”菜单中的“新建”项，在出现的窗口中选择“文件”选项卡中的C++Source file，如图1-20所示，在“文件”文本框中输入文件名f1.c，然后单击“确定”按钮。注意必须写扩展名“.c”，否则生成的是C++程序。

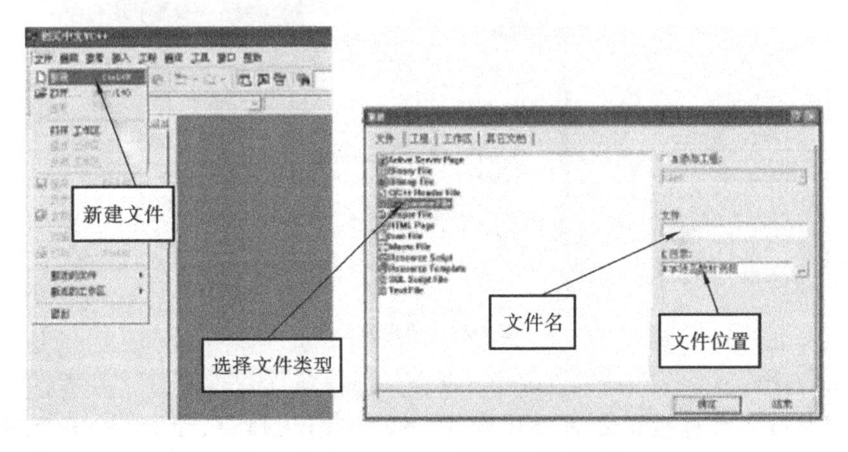

图1-20 “新建”窗口中的“文件”选项卡

3）新建C语言程序

在编辑窗口中输入C语言源程序，如图1-21所示。

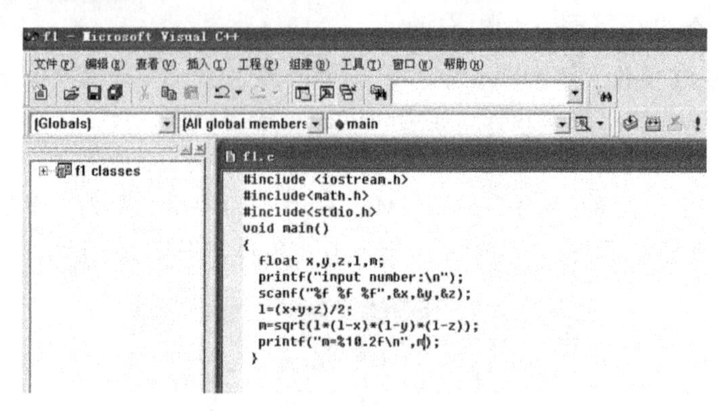

图1-21　新建C语言源程序界面

4）编译

选择“组建”菜单中的“编译f1.c”项或单击工具栏上的按钮进行编译，如图1-22所示。如果程序未存盘，则系统在编译前自动打开保存对话框，提示用户保存程序。在编译过程中如果出现错误，则在下方窗口中将列出所有错误和警告。双击显示错误或警告的第1行，光标定位在有错误的代码行，修改错误后重新编译，反复修改直至无错误为止。当没有任何错误时，显示错误数和警告数都为0。

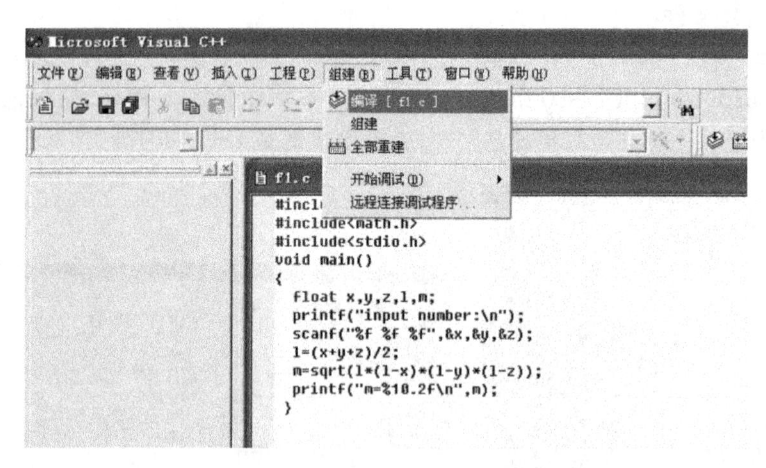

图1-22　编译窗口

5）连接

确认编译没有错误之后需要构件.exe文件，选择“组建”菜单中的“构件f1.exe”项或单击连接按钮，与编译时一样，如果系统在连接过程中发现错误，则在如图1-23所示的窗口中列出所有错误与警告。修改错误后再重新编译和连接，直到编译和连接都没有错误为止。

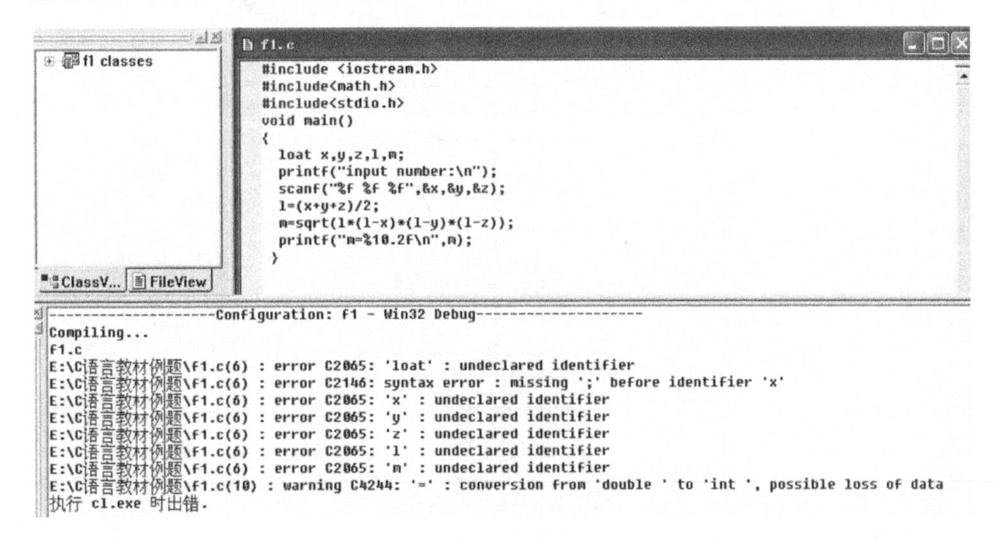

图 1-23 编译后错误提示

6）运行

选择“组建”菜单中的“执行 f1. exe”项或单击运行按钮 ! ，在出现的黑屏中显示运行结果，如图 1-24 所示。需要返回编辑窗口时按任意键即可。

如果退出 VC++环境后需要重新打开以前建立的文件 f1. c，则在打开 VC++环境后，选择“文件”菜单中的“打开”选项，即可打开“f1. c”。

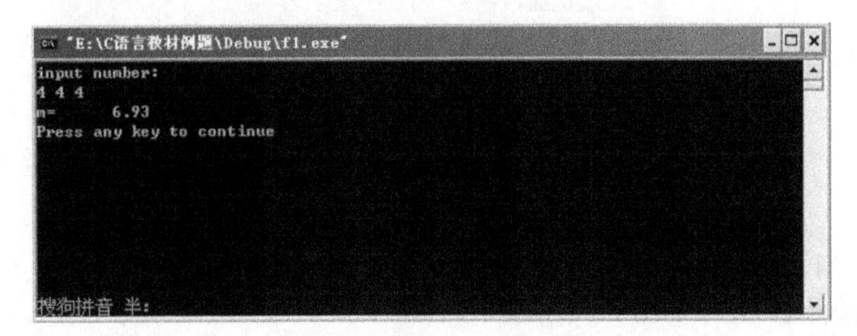

图 1-24 运行窗口

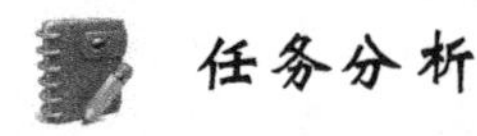

任务分析

1. 从用户角度分析

输入：无。

输出：输出如图 1-17 所示图形。

2. 从程序员角度分析

算法设计如图 1-25 所示。

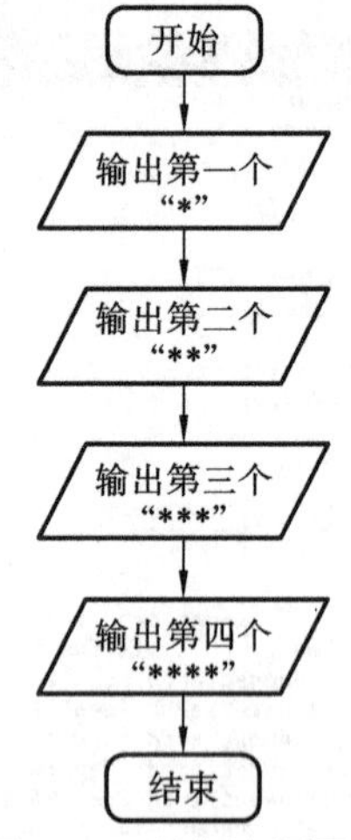

图 1-25　任务流程图

程序编写

1. 程序编辑

编辑并写入如图 1-26 所示程序。

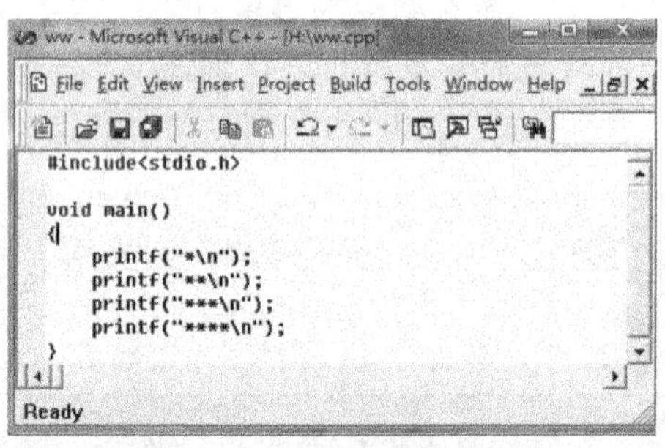

图 1-26　程序编辑窗口

2. 调试、运行

调试、运行结果如图 1-27 所示。

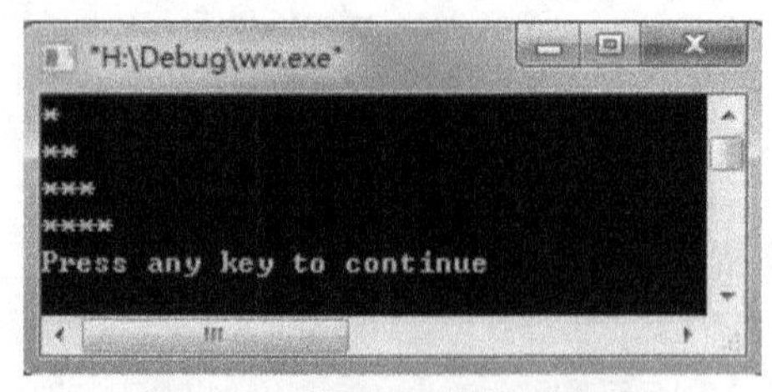

图 1-27　调试、运行结果窗口

知识小结

(1) 从用户角度看程序,用户关心的是输入和输出。

(2) 从程序员角度看程序,程序员要解决的是问题处理的方法,即算法。

(3) 算法就是解决问题的步骤。

(4) 描述算法的基本单元结构有顺序结构、选择结构、循环结构。

(5) 每一个C语言程序有且仅有一个main( )函数。

(6) C语言程序的执行由主函数开始,也由主函数结束。

(7) C语言程序的基本单位是函数。

(8) 一个C语言程序由一个或多个函数构成。

(9) 上机运行一个C语言程序的4个步骤为:编辑、编译、连接、运行。

习 题 一

一、填空题

1. 计算机由________和________组成。

2. 在计算机中最终都是以________来表示处理。

3. 一个完整的计算机程序一般包括________、________、________三个部分。

4. 为了分析计算机的编程方法,我们一般可以从________和________来分析要解决的问题。

5. 算法就是解决问题的________。

6. 描述算法的基本单元结构有________、________、________。

7. 每一个C语言程序有且仅有一个________。

8. C语言源程序文件的扩展名是________,经过编译后生成文件的扩展名是________,经过连接后生成文件的扩展名是________。

9. C语言的关键字都用________(大写或小写)。

10. 一个C语言程序的执行顺序是:从本程序的________函数开始,到本程序的________函数结束。

11. C语言是通过________来进行输入和输出的。

12. C语言程序的基本单位是________。

二、选择题

1. 以下不是C语言特点的是________。

A. 语言简洁紧凑　　B. 能够编制出功能复杂的程序

C. C语言可以直接对硬件操作　　D. C语言移植性好

2. 在下列计算机语言中,CPU能直接识别的是________。

A. 自然语言　　B. 高级语言　　C. 汇编语言　　D. 机器语言

3. 一个C语言程序是由________的。

A. 一个主程序和若干子程序组成　　B. 一个或多个函数组成

C. 若干过程组成　　D. 若干子程序组成

4. C语言程序的基本单位是________。

A. 程序行　　B. 语句　　C. 函数　　D. 字符

5. 以下叙述中,正确的是________。

A. 构成C语言程序的基本单位是函数

B. 可以在一个函数中定义另一个函数

C. main( )函数必须放在其他函数之前

D. 所有被调用的函数一定要在调用之前进行定义

6. 在下列说法中,错误的是________。

A. 每个语句必须占一行,语句的最后可以是一个分号,也可以是一个回车换行符号

B. 每个函数都有一个函数头和一个函数体,主函数也不例外

C. 主函数只能调用用户函数或系统函数,用户函数可以相互调用

D. 程序是由若干个函数组成的,但是必须有且只能有一个主函数

7. 以下说法中正确的是________。

A. C语言程序总是从第一个定义的函数开始执行的

B. 在C语言程序中,要调用的函数必须在main( )函数中定义

C. C语言程序总是从main( )函数开始执行的

D. C语言程序中的main( )函数必须放在程序的开始部分

8. C编译程序的功能是________。

A. C程序的机器语言版本　　B. 一组机器语言指令

C. 将C源程序编译成目标程序　　D. 由制造厂家提供的一套应用软件

三、编程题

1. 编写一个C语言程序,要求输出以下信息:

```
* * * * * * * * * * * * * * *
       How are you !
* * * * * * * * * * * * * * *
```

2. 输出一个由"*"组成的正方形。

项目二

C语言的基本数据类型

C语言将数据的标识分为常量和变量，将数据的基本类型分为整型（整数）、实型（小数）和字符型（字符）。

项目重点、难点

（1）变量的命名规则。

（2）C语言的基本数据类型。

（3）字符型、整型数据类型的数据表示范围。

（4）字符型数据与整型数据之间的转换。

任务一　交换两个整型变量的值

任务描述

1. 任务理解

（1）C语言如何表示一个整数？

（2）什么是变量？

（3）如何交换两个变量的值。

2. 任务知识点

（1）常量与变量。

（2）赋值运算符。

（3）整型数据类型常量。

（4）整型数据类型变量。

基本知识

1. 标识符

1）定义

标识符是用于标识变量、常量、函数等的字符序列。

2）组成

（1）只能由字母、数字、下画线组成，且第一个字母必须是字母或下画线；

（2）C 语言的关键字不能用于变量名。

3）长度

有效长度为 32 个字符，随系统而异，但至少前 8 个字符有效，但在 VC++中其长度可达到 255 个字符。

4）命名原则

（1）变量名和函数名中的英文字母一般用小写，以增加可读性，如 name、student、printf、scanf。

（2）见名知意，如学分可命名为 score，学号可命名为 number。

（3）大小写敏感，如 Number 与 number 是两个不同的变量。

（4）不易区分，容易混淆，如 1 与 I，o 与 0。

2. 常量

（1）定义：程序运行时其值不能改变的量，即常数。

（2）常量可分为整型常量，如 12、0、－3；字符常量，如‘A’、‘d’；实型常量，如 4.5、－3.14；字符串常量，如“A”、“Hello”。

（3）符号常量：用一个标识符代表一个常量，即标识符形式的常量。符号常量借助预处理命令 # define 来实现。其定义形式为

define　标识符　字符串

例如，`#define  PI  3.1415926`

说明：

① 习惯上，符号常量用大写字母表示；

② 定义符号常量时，不能以“;”结束；

③ 一个 # define 占一行，且要从第一列开始书写；

④ 一个源程序文件中可含有若干个 define 命令，不同的 define 命令中指定的“标识符”不能相同。

3. 变量

（1）定义：程序运行时其值可以被改变的量。

（2）变量的两要素：变量名、变量值。

（3）变量的定义格式如下：

数据类型　变量名 1[,变量名 2,…,变量名 n];

数据类型:决定分配字节数和数的表示范围;

变量名:合法标识符,例如,

```
int x,y,z;
float radius,length,area;
char ch;
```

(4) 变量的初始化:定义时赋初始值,例如,

```
int a=2,b,c=4;
float data=3.67;
char ch='A';
int x=1,y=1,z=1;
int x=y=z=1;
```

(5) 变量的使用方法:先定义,后赋值,例如,

```
int   student;
student=19;
```

(6) 变量定义位置:一般放在函数开头,例如,

```
 void main( )
{
  int a,b=5;
  float data;
  a=1;
  data=(a+ b) * 1.2;
  printf("data=%f\n",data);
}
```

4. 赋值运算符及其表达式

1) 赋值运算符

(1) 一般形式为

变量＝常量或变量或表达式

左值:赋值运算符左边的值,它只能是变量或加括号的赋值表达式。例如,

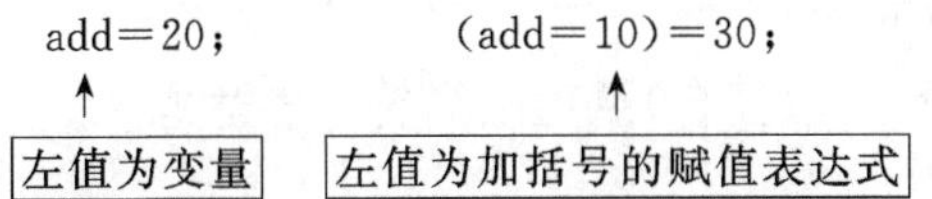

右值:赋值运算符右边的值,它可为任意表达式,如常量、变量、变量表达式等。

操作数:运算符连接的数。左值和右值都是操作数。

(2) 功能:将右操作数的值赋给左操作数变量。例如,

```
int x,y,z;                    //定义整型变量 x,y,z
x=50;                         //将 50 赋值给变量 x
y=x;                          //将 x 的值赋给变量 y
z=x+y;                        //将 x+y 的和赋值给变量 x
```

(3) 使用注意事项如下。

① 左值必须是变量名或对应某特定内存单元的表达式,不能是常量或其他表达式。例如,

```
5=a;                          //错误,左值不允许为常量
a+2=30;                       //错误,左值不允许为表达式
```

② 赋值语句中的“=”表示赋值,改变左操作数的值,不是代数中相等的意思。要表示相等的意思则应用关系运算符“==”表示,二者切勿混淆!例如,

```
a=3;        //将常量 3 赋值给变量 a
a==4        //将变量 a 的值 3 与 4 进行比较是否相等,若相等,则表达式(a==4)
            //的值为 1,若不相等,表达式(a==4)的值为 0
```

(4) 复合的赋值运算符。

① 定义:在赋值符“=”之前加上其他运算符,就可构成复合的赋值运算符。凡是双目运算符都可与赋值符组成复合赋值符,如+=、-=、*=、/=、%=。

② 使用举例如下。

```
a+=3        等价于      a=a+3;
a*=a+5      等价于      a=a*(a+5);
a/=5        等价于      a=a/5;
a-=5        等价于      a=a-5;
a%=5        等价于      a=a%5。
```

③ 意义如下。

一是为了简化程序,使程序精练;

二是为了提高编译效率,产生质量较高的目标代码。

2) 赋值表达式

(1) 定义:由赋值运算符或复合赋值运算符将一个变量和一个表达式连接起来的表达式,称为赋值表达式。

(2) 一般格式如下。

变量　　(复合)赋值运算符　表达式

例如,sum=3;

```
a+=sum+6;
```

(3) 赋值表达式的值即被赋值变量的值,例如,“a=5”这个赋值表达式,变量 a

的值“5”就是它的值。

3）赋值语句

（1）定义：赋值表达式在其后面加分号就构成了赋值语句。例如，

```
x=8;
a=b=c=5;
```

（2）赋值运算符及赋值表达式的使用方法。

① 多个变量连续赋值，例如，

```
a=b=c=10;
a=(b=(c=10));
```

② 赋值表达式的嵌套，例如，

```
a=(b=2)+(c=3);
( a=(b=2)+(c=3));
```

5. 整型数据类型常量

（1）分类。

① 十进制整数：由数字0～9和正负号表示，如123、－456、0。

② 八进制整数：由数字0开头，后跟数字0～7表示，如0123、011。

③ 十六进制整数：由0x或0X开头，后跟0～9，a～f，A～F表示，如0x123、0Xff。

（2）八进制数、十六进制数只能表示0和正整数。

（3）定义整数的符号常量。

① 整型符号常量的定义如下：

```
#define    NUM1    20       //十进制数 20
#define    NUM2    020      //八进制数(十进制数 16)
#define    NUM3    0x2a     //十六进制数(十进制数 42)
```

② 整型符号常量的简单应用。例如，

```
#include<stdio.h>
#define  PAI  314
#define  BEI  100
void main( )
{
  int c,s,r=4;
c=(2*PAI*r)/BEI;             //求圆周长,其中 r 是代表半径的变量
s=(PAI * r * r)/BEI;         //求圆面积
```

```
printf("圆周长为:%d,圆面积为:%d",c,s);
}
```

③ 使用符号常量的优势。

符号常量能让代码更简洁明了,一般来说,符号常量的名字更要注重有明确、直观的意义,有时宁可让它长点。

符号常量能方便代码维护,在上面的例子中,PAI 的值为 314,哪天你发现这个值精度不够,想改为 314159,那么你只修改符号常量 PAI 和 BEI 的值,而不用修改代码中的所有符号常量。

6. 整型数据类型变量

1) 整型变量的定义

整型变量的定义如图 2-1 所示。

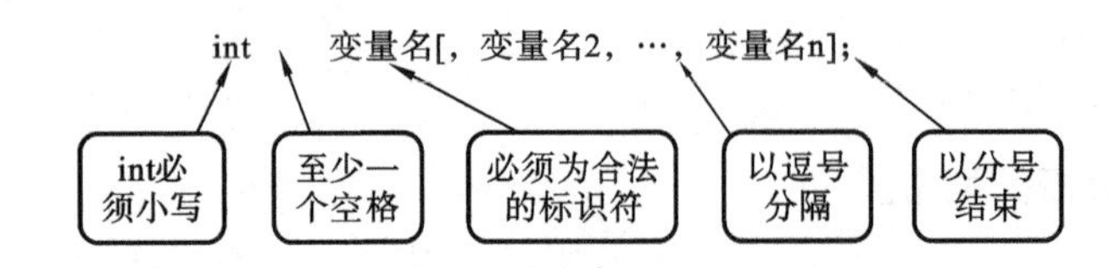

图 2-1 整型变量的定义

定义时可以赋初值,其方法为在变量名后面增加"= 数值"。例如,

```
int  a;            //定义一个变量 a
int  x,y,z;        //同时定义三个变量 x,y,z
int  m=2,y=-3;     //在定义时给变量赋初值
```

如果定义时没有给变量赋初值,则系统会给这个变量赋一个随机值,这个值是程序员无法预知的。

2) 整型变量的存储

当程序中定义了一个变量时,计算机会为这个变量分配一个相应大小的内存单元。在 TC 或 BC 下,整型变量占 2 个字节(16 位)的内存单元;在 VC++下,整型变量占 4 个字节(32 位)的内存单元。例如,

```
int  a;
```

3) 整型变量的分类

整型变量可分为以下几种。

(1) 修饰符。

控制变量是否有符号:signed(有符号)和 unsigned(无符号)。

控制整型变量的值域范围 :short(短)和 long(长)。

如果定义变量时,不指定 signed,也不指定 unsigned,则默认为 signed。

整型数据可分为 6 类，如表 2-1 所示。

表 2-1　整型数据的类型

整型数据类型	TC 或 BC		VC++	
	字节数	表示范围	字节数	表示范围
signed int 或 int	2	−32768～32767 ($-2^{15}\sim2^{15}-1$)	4	−2147483648～2147483647 ($-2^{31}\sim2^{31}-1$)
signed short int 或 short int	2	−32768～32767 ($-2^{15}\sim2^{15}-1$)	2	−32768～32767 ($-2^{15}\sim2^{15}-1$)
signed long int 或 long int	4	−2147483648～2147483647 $-2^{31}\sim2^{31}-1$	4	−2147483648～2147483647 ($-2^{31}\sim2^{31}-1$)
unsigned int	2	0～65535 ($0\sim2^{16}-1$)	4	0～4294967295 ($0\sim2^{32}-1$)
unsigned short int	2	0～65535 ($0\sim2^{16}-1$)	2	0～65535 ($0\sim2^{16}-1$)
unsigned long int	4	$0\sim2^{32}-1$	4	0～4294967295

(2) 有符号的整型数据(int 或 signed　int)。

```
int a=-2;            //定义一个有符号整型变量 a,并赋初值-2
signed  int a=-2;    //与上面形式等价
```

(3) 无符号的整型数据(unsigned int 或 unsigned)。

```
unsigned int a=2;    //定义一个无符号整型变量 a,并赋初值 2
unsigned a=2;        //与上面形式等价
```

(4) 有符号短整型(short int 或 short)。

```
short int a=2;       //定义一个有符号短整型变量 a,并赋初值 2
short a=2;           //与上面形式等价
```

无论是 TC、BC，还是 VC++的，占用的内存单元均为 2 个字节。

(5) 无符号短整型(unsigned short int 或 unsigned short)。

```
unsigned short int a=2;       //定义一个无符号短整型变量 a,并赋初值 2
unsigned short a=2;           //与上面形式等价
```

在 TC 和 BC 下，unsigned short 类型与 unsigned int 类型是等价的。

(6) 有符号长整型(long int 或 long)。

```
long int a=234567;         //定义一个有符号长整型变量 a,并赋初值 234567
long a=234567;             //与上面形式等价
```

无论是 TC、BC，还是 VC＋＋的占用的内存单元均为 4 个字节。

(7) 无符号长整型(unsigned long int 或 unsigned long)。

```
unsigned long int a=2;        //定义一个无符号长整型变量 a,并赋初值 2
unsigned long a=2;            //与上面形式等价
```

无论是 TC、BC，还是 VC＋＋的，占用的内存单元均为 4 个字节。

在 VC＋＋中，long 与 int 类型基本相同，均占四个字节的内存单元；但在 TC 或 BC 中，long 与 int 类型除所占字节不同外(long 占 4 字节，int 占 2 字节)，其他处理数据方法是一样的。

例如，整型变量的定义如下。

```
#include<stdio.h>
#define  SUM  65535
void main( )
{
  int  a,b=20;
  unsigned  int  c=0xff;
  long  D;
  a=SUM;
  D=301;
  printf("a=%d\n",a);
  printf("b=%d\n",b);
  printf("c=%d\n",c);
  printf("D=%d\n",D);
}
```

在 TC 下的运行结果：

a＝－1

b＝20

c＝255

D＝301

在 VC＋＋6.0 下的运行结果：

a＝65535

b＝20

c＝255

D＝301

根据其值所在范围确定其数据类型。在 TC 或 BC 下，如果整型常量的值位于－32768～32767 之间，则 C 语言认为它是 int 型常量；如果整型常量的值位于

－2147483648～2147483647 之间,则 C 语言认为它是 long 型常量。

整型常量后加字母 l 或 L,认为它是 long int 型常量,如 123L、45l、0XAFL。

无符号数也可用后缀表示,整型常数的无符号数的后缀为 U 或 u。例如,358u、0x38Au、235Lu 均为无符号数。

前缀、后缀可同时使用以表示各种类型的数,如 0XA5Lu 表示十六进制无符号长整数 A5,其十进制数为 165。

任务分析

1. 从用户角度分析

假设 a 的值为 15,b 的值为 25。

输入:无(a、b 的值在程序编程中给出)。

输出:输出 a、b 的值,a 的值为 25,b 的值为 15。

2. 从程序员角度分析

算法设计如图 2-2 所示。

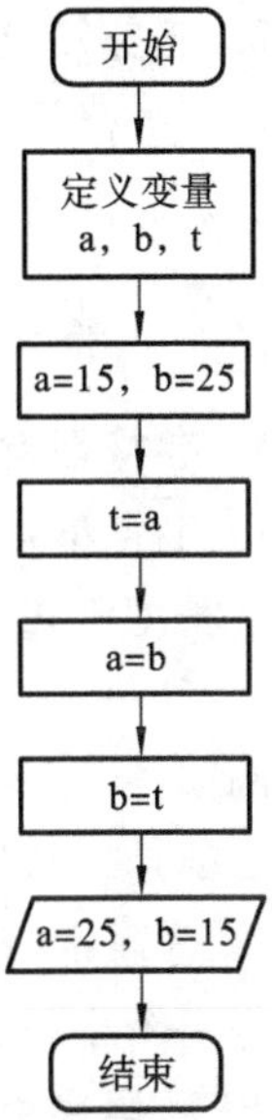

图 2-2 任务流程图

程序编写

```
#include<stdio.h>

void main()
{
  int a,b,t;
  a=15,b=25;
  t=a;
  a=b;
  b=t;
  printf("a=%d,b=%d",a,b);
}
```

任务二 将用户输入的大写字母转换成小写字母

任务描述

1. 任务理解

(1) 在 C 语言程序设计中,如何表示字母?

(2) 大写字母如何转换成小写字母?

2. 任务知识点

(1) 字符型数据类型常量。

(2) 字符型数据类型变量。

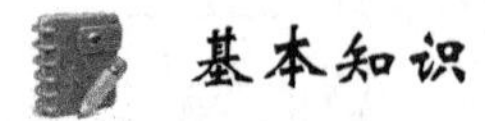

基本知识

1. 字符型常量

1) 字符型常量的定义

字符型常量是用单引号括起来的一个字符,这个字符为单个普通字符或转义字符。

例如,'a'、'b'、'='、'+'、'?'都是合法普通字符型常量,'\n'、'\t'、'\123'、'\x1A'都是合法转义字符型常量。

2) 普通字符型常量

每一个字符都可以用一个整数来表示的,这样与字符对应的整数称为 ASCII 码,ASCII 码表里的字符都是普通字符型常量。

3) 转义字符型常量

转义字符是一种特殊的字符型常量。转义字符以反斜线“\”开头,后跟一个或几个字符。转义字符具有特定的含义,不同于字符原有的含义,故称为转义字符。转义字符主要用于表示那些用一般字符不便于表示的控制代码。

常用的转义字符及其含义如表 2-2 所示。

表 2-2 常用转义字符及其含义

转义字符	含义	转义字符	含义
\n	回车换行	\"	双引号符
\b	退格	\ddd	1~3 位八进制数所代表的字符
\r	回车	\xhh	1~2 位十六进制数所代表的字符
\f	走纸换页	\t	横向跳到下一制表位置
\'	单引号符	\\	反斜线符"\"

4) 字符型常量的特点

在 C 语言中,字符型常量有以下特点。

(1) 字符型常量只能用单引号括起来,不能用双引号或其他符号表示。

(2) 字符型常量只能是单个字符,不能是字符串。

(3) 字符可以是字符集中任意字符。但数字被定义为字符型之后就不能参与数值运算，例如，'5'和 5 是不同的，'5'是字符型常量，不能参与运算。

2. 字符型变量

1）字符型变量的定义

字符型变量用于存储字符型常量，即单个字符。字符型变量的类型说明符是 char，计算机给字符型数据分配一个字节的内存单元。字符型变量类型定义的格式和书写规则都与整型变量的相同。例如，

```
char a,b;                    //定义两个字符型变量 a,b
char c1='a',c2='1';          //定义两个字符型变量,将 a 赋值给 c1,1 赋值给 c2
char b1='\n',b2='\x2B';      //定义两个字符型变量,将\n 赋值给 b1,\x2B 赋值给 b2
```

2）字符型数据在内存中的存储形式

每个字符型变量被分配一个字节的内存空间，因此只能存放一个字符。字符值是以 ASCII 码的形式存放在变量的内存单元之中的。由于在存储器中只能存放二进制数，所以一个字符放入内存，实际上是把与这个字符对应的 ASCII 码表示的整数值放入了内存。

例如，x 的十进制 ASCII 码是 120，y 的十进制 ASCII 码是 121。对字符型变量 a、b 赋予'x'和'y'值，即

char a='x',b='y';

实际上是在 a、b 两个单元内存放 120 和 121 的二进制代码，即

a:0 1 1 1 1 0 0 0

b:0 1 1 1 1 0 0 1

3）字符型数据与整型数据之间的转换

C 语言允许对整型变量赋予字符值，也允许对字符型变量赋予整型值。在输出时，允许把字符型变量按整型量输出，也允许把整型量按字符型量输出。整型量为二字节量，字符型量为单字节量。当整型量按字符型量处理时，只有低八位字节参与处理。

3. 字符型数据类型举例

例 2.1 给字符型变量赋整数值。

```
#include<stdio.h>
void main()
{
  char add,bb;
  add=97;
  bb=65;
  printf("%c,%c\n%d,%d\n",add,bb,add,bb);
```

```
}
```

输出结果：

a,A

97,65

例 2.2 将大写字母转换成小写字母。

```
#include<stdio.h>
void main()
{
  char a,b;
  a='x';
  b='y';
  a=a-32;
  b=b-32;
  printf("%c,%c\n%d,%d\n",a,b,a,b);
}
```

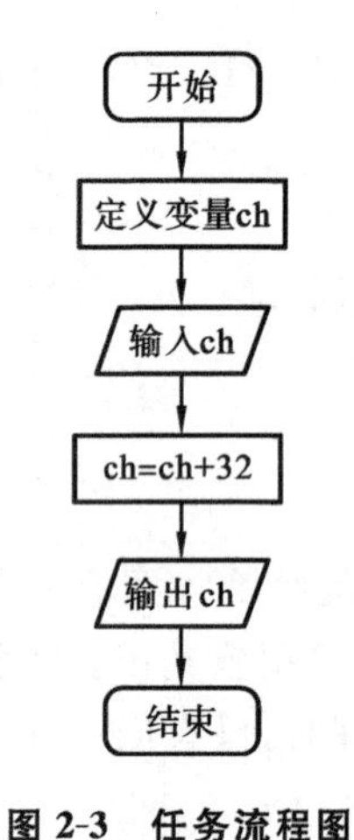

图 2-3 任务流程图

输出结果：

x,y

88,89

任务分析

1. 从用户角度分析

输入：A。

输出：a。

2. 从程序员角度分析

（1）题目分析：可以定义变量 ch 存放这个大写字母，也可以直接输出。

（2）算法设计如图 2-3 所示。

程序编写

```
#include<stdio.h>

void main()
{
  char ch;//定义一个变量
  printf("请输入一个大写字母:");
  scanf("%c",&ch);
```

```
  ch=ch+32;
  printf("小写字母为:%c\n",ch);
}
```

任务三 求半径为4的圆的面积及周长

任务描述

1. 任务理解

C语言中如何表示圆周率3.14159,即如何表示一个小数?

2. 任务知识点

(1) 实型数据类型常量。

(2) 实型数据类型变量。

基本知识

1. 实型数据类型常量

实型也称为浮点型,实型常量也称为实数或浮点数。在C语言中,实数只采用十进制数。它有两种形式,即十进制小数形式和指数形式。

(1) 十进制小数形式:由数字0～9及小数点组成,其中,小数点是必不可少的。例如,0.0、5.0、6.789、0.13、.57、100.、－67.7630、－.125等均为合法的实数,而56为不合法实数,因为没有小数点。

(2) 指数形式:由十进制数加阶码标志“e”或“E”及阶码(只能为整数,可以带符号)组成。

① 一般形式为a E n,表示 $a\times10^{n}$。

其中,a为十进制数,E为阶码标志,n为十进制整数(作为阶码)。

例如,合法的指数表示为:

123E5 数学等价表示 123×10^{5};

.0075e2 数学等价表示 0.0075×10^{2};

－.175E－2 数学等价表示 -0.175×10^{-2};

2.3e15 数学等价表示 2.3×10^{15}。

不合法实型常量表示为:

245,没有小数点;

－7E,没有阶码;

0.5E0.5,阶码应为十进制整数,但这里n为0.5,是小数;

E3,阶码E之前没有数字;

0.5－E6,负号位置错误。

② 在C语言中,也可以使用后缀“F”来声明一个数是浮点数,如 365F 和 365.0是等价的。

```
#include<stdio.h>
void main()
{
  printf("%f\n",365.0);
  printf("%f\n",365);
  printf("%f\n",365F);
}
```

输出结果:

365.000000

0.000000

365.000000

第二行输出错误的原因是,由于在使用时没有加入小数点,也没有使用后缀 F 将其声明为浮点数,所以 365 不是合法实数,不被编译器认可。

2. 实型数据类型变量

1) 实型变量的分类

(1) 单精度型(float):占用 4 字节(32 位)内存空间,数值范围为 3.4E－38 到 3.4E＋38,有效数字为 7～8 位。

```
#include<stdio.h>
void main()
{
  float f1;           //定义实型变量 f1
  float f2=3.14;      //定义实型变量 f2,并将 3.14 赋值给 f2
  float f3=0.5E3;     //定义实型变量 f3,并将 0.5E3 赋值给 f3
  f1=123.456789;      //给 f1 变量赋初值为 123.456789
  printf("f1=%f\nf2=%f\nf3=%f\n",f1,f2,f3);
}
```

输出结果:

f1＝123.456787

f2＝3.140000

f3＝50.000000

思考 2.1 为什么 f1 最后一个小数位是 9 而输出时变成了 7?

f1 为单精度实型数据,最高有效数据为 8 位,因此,f1 的第 9 位不能正确表示,由系统随机给出一个值。

思考 2.2　f2 和 f3 为什么多出了那么多 0？f3 为什么不是以指数形式输出？

f2 为 3.14，实型数据小数点后最多表示六位，不足 6 位的，在其后补零；f3 为指数形式，若不是按指数形式%e 输出，则按十进制小数形式%f 输出。

(2) 双精度型(double)：占用 8 字节(64 位)内存空间，数值范围为 1.7E－308 到 1.7E＋308，有效数字为 16～17 位。

```
#include<stdio.h>
 void main()
{
  float f1;
  double f2=3.1415926,f3;
  double f4=456789.6666667;
  f1=123.456789;
  f3=f1;
  printf("f1=%f\nf2=%lf\nf3=%lf\nf4=%lf\n",f1,f2,f3,f4);
}
```

输出结果：

f1＝123.456787

f2＝3.141593

f3＝123.456787

f4＝456789.666667

思考 2.3　f2、f4 为双精度实型数据，最高有效数据位为 17 位，而 f2 只有 8 位，f4 只有 13 位，为什么不能正确表示呢？

实型数据小数点后最多表示 6 位，而 f2、f4 的小数位数均为 7 位，超过 6 位的，采用四舍五入保持 6 位小数。

思考 2.4　f3 为双精度实型数据，为什么不能正确表示 123.456789？

f1 为 float 型，最高有效数据位为 8 位，系统会自动将多余的位舍去，值为 123.456787，然后将 f1 的值赋给 f3，因此 f3 与 f1 的值相等。

(3) 长双精度型(long double)：在 TC 或 BC 下，这种定义的变量在内存中占 10 个字节(80 位)的存储单元；在 VC＋＋下则占 8 个字节(64 位)。有效数字为 17～18 位。长双精度与双精度表示的有效位数差不多，因此很少使用 long double。它的定义如下：

```
long double x,y;
long double db1=4.6,db2=123456.789012;
```

2) 实型数据精度

实型数据精度如表 2-3 所示。

表 2-3 实型数据精度

实型数据类型	精确表示的有效数据位
float	7～8
double	16～17
long double	17～18

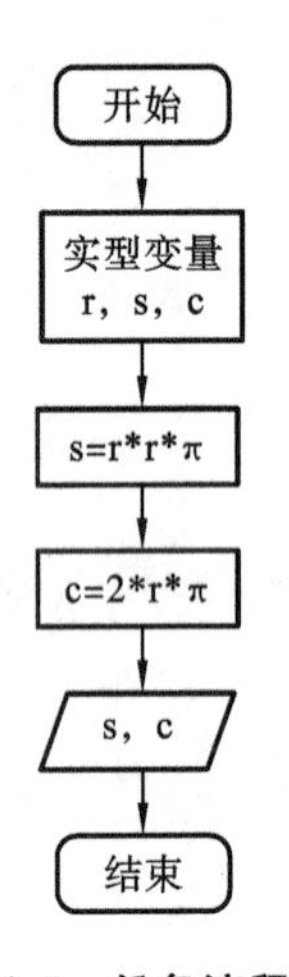

图 2-4 任务流程图

任务分析

1. 从用户角度分析

输入:无。

输出:半径为 4 的圆的面积和周长。

2. 从程序员角度分析

(1) 题目分析:$s=\pi r^2$,$c=2\pi r$,其中 π 为 3.14(小数),小数在 C 语言程序中用实型数据定义。

(2) 算法设计如图 2-4 所示。

程序编写

```
#include<stdio.h>
void main()
{
  float r=4,Pi=3.14,s,c;//定义一个变量
  s=r * r * Pi;
  c=2 * Pi * r;
  printf("面积为%f,周长为%f\n",s,c);
}
```

知识小结

(1) 标识符只能由字母、数字、下画线组成,且第一个字母必须是字母或下画线。

(2) C 语言的关键字不能作为标识符。

(3) C 语言的变量名区分大小写。

(4) 习惯上,符号常量用大写字母表示,定义符号常量时,不能以“;”结束。

(5) 一个#define 占一行,且要从第一列开始书写,一个源程序文件中可含有若干个 define 命令,不同的 define 命令中指定的“标识符”不能相同。

(6) 变量的两要素 :变量名 、变量值。

(7) 变量的使用方法:先定义,后赋值。

(8) 左值必须是变量名或对应某特定内存单元的表达式,不能是常量或其他表达式。

(9) 赋值语句中的"="表示赋值,改变左操作数的值,不是代数中相等的意思。要表示相等的意思则应用关系运算符"=="表示,两者切勿混淆!

(10) 赋值表达式在其后面加分号就构成了赋值语句。

(11) 使用符号常量的优点是,让代码更简洁明了,且方便维护。

(12) 如果定义时没有给变量赋初值,系统会给这个变量赋一个随机值,则这个是值程序员无法预知的。

(13) 字符型常量是用单引号括起来的一个字符,这个字符为单个普通字符或转义字符。

(14) 字符型常量只能用单引号括起来,而不能用双引号或其他符号。

(15) 在C语言中,实数只采用十进制数。它有两种形式:十进制小数形式和指数形式。

(16) 十进制小数形式:由数字0～9及小数点构成,其中,小数点是必不可少的。

(17) 实型数据小数点后最多有6位。

习 题 二

一、填空题

1. C语言中的标识符可分为________、________和预定义标识符等三类。

2. 标识符只能由字母、数字、下画线组成,且第一个字母必须是________。

3. 程序运行时其值不能改变的量为________。

4. 赋值运算符左边的值只能是________,右值为任意表达式。

5. 由赋值运算符或复合赋值运算符,将一个变量和一个表达式连接起来的表达式,称为________。

6. 整型变量的修饰符中控制变量根据是否有符号,分为________和________。

7. 在C语言中,整数可用________进制数、________进制数和________进制数三种数制表示。

8. 表达式s=10应当读为"________"。

9. 若k为int整型变量且赋值11。请写出运算k++后表达式的值________和变量的值________。

10. 阅读下述程序，说明其输出结果。请填空。

```
#include<stdio.h>
void main()
{ int n=3,b=4;
  printf("%d\n",a=a+1,b+a,b+1);\*输出结果是________*\
  printf("%d\n",(a=a+1,b+a,b+1));\*输出结果是________*\
}
```

11. 设有“int x＝11;”，则表达式(x＋＋＊1/3)的值为________。

12. 设 x 为 int 型变量，与逻辑表达式！x 等价的最简单的 C 语言关系表达式为________。

13. 表达式 5％(－3)的值是________，表达式－5％(－3)的值是________。

14. 以下程序的执行结果是________。

```
#include<stdio.h>
void main()
{ char c='c'+5;
  printf("c=%c\n",c);}
```

15. 以下程序输入 1 ␣ 2 ␣ 3 后的执行结果是________(注：␣ 代表空格)。

```
#include<stdio.h>
void main()
{ int i,j;char k;
  scanf("%d%c%d",&i,&k,&j);
  printf("i=%d,k=%c,j=%d\n",i,k,j);
}
```

16. 若 x 和 y 均为 int 型变量，则以下语句的功能是________。

x＋＝y;　　　　y＝x－y;　　　　x－＝y;

二、选择题

1. 以下选项中不合法的用户标识符是________。

A. _123　　　B. printf　　　C. A$　　　D. Dim

2. 以下可在 C 语言程序中作为用户标识符的一组标识符是________。

A. void	B. as_b3	C. For	D. 2c
define	_123	－abc	DO
WORD	If	case	SIG

3. 若 x、i、j、k 都是 int 型变量，则计算 x＝(i＝4,j＝16,k＝32)表达式后，x 的值为________。

A. 4　　B. 16　　C. 32　　D. 52

4. 以下叙述不正确的是________。

A. 在C语言程序中,逗号运算符的优先级最低

B. 在C语言程序中,MAX和max是两个不同的变量

C. 若a和b类型相同,在计算了赋值表达式a=b后,将b的值放入a中,而b的值不变

D. 当从键盘输入数据时,对于整型变量,只能输入整型数值;对于实型变量,只能输入实型数值

5. 已知s是字符型变量,下面不正确的赋值语句是________。

A. s='\012';　　B. s='u+v';　　C. s='1'+'2';　　D. s=1+2;

6. 已知字母A的ASCII码为十进制数65,且S为字符型,则执行语句"S='A'+'6'-'3';"后,S中的值为________。

A. 'D'　　B. 68　　C. 不确定的值　　D. 'C'

7. 若有定义:int m=7;float x=2.5,y=4.7;则表达式x+m%3*(int)(x+y)%2/4的值是________。

A. 2.500000　　B. 2.750000　　C. 3.500000　　D. 0.000000

8. 设变量x为float型,m为int型,则以下能实现将x中的数值保留小数点后2位,第3位进行四舍五入运算的表达式是________。

A. x=(x*100+0.5)/100.0　　B. m=x*100+0.5,x=m/100.0

C. x=x*100+0.5/100.0　　D. x=(x/100+0.5)*100.0

9. 表达式13/3*sqrt(16.0)/8的数据类型是________。

A. int　　B. float　　C. double　　D. 不确定

10. 设以下变量均为int型,则值不等于7的表达式是________。

A. (m=n=6,m+n,m+1)　　B. (m=n=6,m+n,n+1)

C. (m=6,m+1,n=6,m+n)　　D. (m=6,m+1,n=m,n+1)

11. 假设所有变量均为整型,则表达式(x=2,y=5,y++,x+y)的值是________。

A. 7　　B. 8　　C. 6　　D. 2

三、编程题

1. 编写程序,输入三角形的3个边长a、b、c,求三角形的面积area。

2. 编写程序,从键盘输入x、y、z三个变量,并输出其中的最小值。

3. 编写程序,输入四个数,并求出它们的平均值。

4. 从键盘上输入一个整数,分别输出它的个位数、十位数和百位数。

项目三 学生成绩管理系统一级界面的设计

项目二主要介绍数据，本项目则从数据参与的运算符出发，先介绍算术运算符及算术表达式的使用方法、自增自减运算符及自增自减表达式的使用方法、逗号运算符及逗号表达式的使用方法；再介绍输入、输出语句的使用方法；总结C语言程序的语句分类方法；最后对本项目的项目实施进行讲解。

项目重点、难点

(1) 自增自减运算符及自增自减表达式的使用方法。

(2) 逗号运算符及逗号表达式的使用方法。

(3) 输入/输出语句的使用方法。

(4) C语言程序的语句分类。

任务一　根据营业员总销售额计算其月收入

任务描述

1. 任务理解

(1) 商场营业员工资的计算方法是每月300元的基本工资加该月总销售额的8.5%提成。

(2) 计算公式：工资＝300＋月总销售额×8.5%。

(3) C语言中如何表示运算式？

(4) 实型数据输入/输出函数的表示。

2. 任务知识点

(1) C语言运算符的表示。

(2) 输入/输出函数。

基本知识

1. 运算符

C 语言的主要运算符有以下几类。

(1) 算术运算符：+ 、- 、* 、/、% 、++ 、--。

(2) 关系运算符：< 、<= 、== 、> 、>= 、! =。

(3) 逻辑运算符：!、&& 、||。

(4) 位运算符：≪ 、≫ 、~ 、| 、^ 、&。

(5) 赋值运算符：= 及其扩展。

(6) 条件运算符：?:。

(7) 逗号运算符：,。

(8) 指针运算符：* 、&。

(9) 求字节数 :sizeof。

(10) 强制类型转换：(类型)。

(11) 数组下标运算符：[]。

2. 算术运算符

1) 基本算术运算符：+、-、* 、/、%

(1) + 、-为加减运算符，其使用方法与数学中的一样。

(2) * 为乘法运算符，其使用方法与数学中的一样。

(3) /为除法运算符，被除数和除数均为整数时，商为整数；被除数和除数有一个，或两个都是实数时，商为实数。

(4) %为求余运算符，要求两个操作数必须为整数。

(5) 基本算术运算符的性质如表 3-1 所示。

表 3-1 算术运算符性质

算术运算符	优先级		结合性
	同组	不同组	
+、-	相同	低	从左向右
* 、/、%	相同	高	

2) 表达式和算术表达式

(1) 表达式：用运算符和括号将运算对象(常量、变量和函数等)连接起来的、符合 C 语言语法规则的式子。

(2) 算术表达式：表达式中的运算符都是算术运算符的表达式。

数学表达式与 C 语言表达式的对比如表 3-2 所示。

表 3-2 数学表达式与 C 语言表达式的对比

数学表达式	C 语言表达式
3+5×8	3+5*8
(x+y) ÷(2-1)	(x+y) /(2-1)
(2ab+3÷5a)÷(a+b)	(2*a*b+3/(a*5))/(a+b)

(3) 运算符优先级:算术运算符的优先级>赋值运算符的优先级。

3. 自增自减运算符

(1) 自增自减运算符:++、--。

(2) 自增自减运算符的作用:使变量值加 1 或减 1。

1) 自增自减运算符的使用方法

自增自减运算符的使用方法如表 3-3 所示。

表 3-3 自增自减运算符的使用方法

自增自减运算符	等价形式	使用含义
++i	i=i+1	先执行 i=i+1,再使用 i 值
--i	i=i-1	先执行 i=i-1,再使用 i 值
i++	i=i+1	先使用 i 值,再执行 i=i+1
i--	i=i-1	先使用 i 值,再执行 i=i-1

(1) 自增自减运算符单独为一条语句时,++、--在前和在后结果一样,都是使变量值加 1 或减 1。

```
#include<stdio.h>
void main()
{
  int i=3,j=5;
  i++;          //i++单独为一条语句
  ++j;          //++j 单独为一条语句
  printf("%d,%d\n",i,j);
}
```

输出结果:

4,6

(2) 自增自减运算符在表达式中时,按照自增自减运算符的使用规则进行运算。

```
#include<stdio.h>
```

```
void main( )
{
  int a,b,c,d,j=5;
  a=10,b=2;
  c=(++a) * b;          //++a 在表达式中,先执行 a=a+1,再使用 a 的值
  a=10;                 //恢复 a 的原值
  d=(a++) * b;          //a++在表达式中,先使用 a 值,再执行 a=a+1
  printf("%d",j--);     //j--在输出列表中,先使用 j 值,再执行 j=j-1
  printf(",%d\n",--j); //--j 在输出列表中,先执行 j=j-1,再使用 j 值
  printf("%d,%d\n",c,d);
}
```

输出结果：

5,3

22,20

2）自增自减运算符的注意事项

(1) ＋＋和－－运算符只能用于变量,不能用于常量和表达式,因为＋＋和－－蕴含着赋值操作。例如,5＋＋、－－(a＋b)都是非法的表达式。

(2) 负号运算符、＋＋、－－和强制类型转换运算符的优先级相同,当这些运算符连用时,按照从右向左的顺序计算,即具有右结合性。

```
#include<stdio.h>
void main( )
{
  int p,i=2,j=3;
  p=-i++;                    //-和++连用,从右向左计算,++在后先使
                             //用 i,将-2 赋值给 p,再执行 i=i+1
  printf("%d,%d\n",p,i);//p=-2,i=3
  p=i+++j;                   //++优先级高于+,p=(i++)+j,其中 i=3
  printf("%d,%d\n",p,i);//p=6,i=4
  p=i+--j;                   //p=i+(--j),其中 i=4,j=3
  printf("%d,%d\n",p,i);//p=6,j=2,i=4
  p=i+++--j;                 //p=(i++)+(--j),其中 i=4,j=2
  printf("%d,%d\n",p,i);//p=5,i=5,j=1
  p=i+++i++;                 //p=(i++)+(i++),其中,i=5
  printf("%d,%d\n",p,i);//p=10,i=7
}
```

(3) 两个“＋”和两个“－”之间不能有空格。

(4) 在表达式中，连续使同一变量进行自增或自减运算时，很容易出错，所以最好避免这种用法。例如，++i++是非法的。

(5) 自增、自减运算，常用于循环语句中，使循环控制变量加1(或减1)，以及使指针变量的指针指向下(或上)一个地址。

4. 逗号运算符

(1) 逗号运算符：,。

(2) 逗号表达式：用逗号连接起来的表达式。其一般形式为

表达式1， 表达式2，…， 表达式k

例如，

```
a * 5,b=8,b++
x=3,y=4,z=5
x=3,y+x,x * y
```

(3) 优先级：优先级最低。

(4) 结合性：左结合性，即逗号表达式的求值顺序是从左向右依次计算用逗号分隔的各表达式的值。

(5) 逗号表达式的值：最后一个表达式的值就是整个逗号表达式的值。

例如，

```
a=2 * 5,a * 4          //a=10,整个表达式的值为40
a=5,a * 4,a+5          //a=5,整个表达式的值为10
b=(a=3,6 * 3)          //a=3,b=18
b=a=3,6 * a            //a=3,b=3,整个表达式的值为18
#include<stdio.h>
void main( )
{
  int a=1;b=2;c=3;
  printf("%d,%d,%d\n",a,b,c);
  printf("%d,%d,%d\n",(a,b,c),(a,b),c);
  printf("%d,%d,%d\n",(a,b,a+b),(a=8,b),a);
}
```

输出结果：

1,2,3

3,2,3

3,2,8

(6) 用途：常用于表达式或for循环语句中。

```
#include<stdio.h>
```

```
void main( )
{
  int x,y=7;
  int z=4;
  x=(y=y+6,y/z);
  printf("x=%d\n",x);
}
```

输出结果：

x=3

5. 标准库函数

ANSI C 标准(美国国家标准协会对 C 语言发布的标准)定义了 C 语言的标准库函数，如数学类函数、输入/输出类函数、字符处理类函数、图形类函数和时间日期类函数，等等，其中每一类中又包括几十到上百种的具体功能函数。

(1) 标准库函数的方便之处在于，用户可以不定义这些函数，就直接使用它们。比如，我们想用 printf 函数打印输出，只要了解该函数的功能、输入/输出参数和返回值，具体使用时按照给定参数调用 printf 函数即可。

(2) 在调用标准库函数时，需要在当前源文件的头部添加语句，即

＃include＜头文件名称＞

标准库函数的说明中一般都写明了需要包含的头文件名称。例如，如果要使用输入/输出函数，则需要在文件头部增加一行语句，即

```
#include<stdio.h>
```

6. 输出函数 printf

在调用输入/输出函数时，需要在当前源文件的头部添加语句，即

```
#include<stdio.h>
```

1) printf 函数调用的一般形式

printf 函数调用的一般形式为

printf(“格式控制字符串”，表达式 1，表达式 2，…，表达式 n)；

例如，

```
printf("x=%d\n",x);
```

(1) 格式控制字符串：双引号括起来的部分，用于指定输出格式。

例如，"x＝％d\n"。

(2) 格式控制字符串分为两部分：格式声明和普通型字符。

格式声明：以％开头的一个或多个字符，以说明输出数据的类型、形式、长度、

小数位数等。

例如，%d 表示按十进制整数形式输出；%ld 表示按十进制长整型输出；%c 表示按字符型输出；%f 表示按单精度小数形式输出；%lf 表示按双精度小数形式输出。

普通型字符：除格式声明以外的其他字符。普通型字符原样输出。

例如，"x= \n"。

(3) 输出列表：表达式 1，表达式 2，…，表达式 n。

2) printf 函数调用的功能

按照“格式控制字符串”的要求，将表达式 1，表达式 2，…，表达式 n 的值显示在计算机屏幕上。

3) printf 函数调用的使用方法

(1) 格式控制字符串可以不包含任何格式控制符，同时也可以省略输出列表。

```
#include<stdio.h>
void main()
{
  printf("Hello Classmate!\n");
  printf("Hello Classmate!",30);
}
```

输出结果：

Hello Classmate!

Hello Classmate!

其中，输出列表表达式 30 无意义，只起说明标志的作用。

(2) 当格式控制字符串中既含有普通型字符，又含有格式控制符时，则输出列表表达式的个数应与格式控制符的个数一致。此时，普通型字符原样输出，而格式控制符的位置上输出对应输出列表表达式的值，其对应的顺序是：从左到右的格式控制符对应从左到右的表达式。

```
#include<stdio.h>
void main()
{
  int a=3,b=4;
                Ⅰ
  printf("c=%d\n",a);
                    Ⅱ
  printf("a=%d,b=%d \n",a,b);
                Ⅲ
}
```

输出结果：

c＝3

a＝3,b＝4

式Ⅰ中,1个格式控制符%d对应1个输出列表a;式Ⅱ、Ⅲ在同一个输出语句中,2个格式控制符%d对应2个输出列表a、b,且从左向右一一对应。

(3) 输出列表表达式为任意表达式,可以为常量、变量、表达式等。

```
#include<stdio.h>
void main()
{
  int a=3,b=4;
  printf("a=%d,b=%d\n",58,b);      //表达式 1 为常量,表达式 2 为变量
  printf("a=%d ,%d",a+b,10+b);     //表达式 1 和表达式 2 均为表达式
}
```

输出结果：

a＝58,b＝4

a＝7,14

(4) 如果格式控制字符串中格式控制符的个数多于输出列表中表达式的个数,则余下的格式控制符的值将是不确定的。

```
#include<stdio.h>
void main()
{
  printf("5+3= %d,5-3= %d,5 * 3=%d",5+3,5-3);
}
```

输出结果：

5＋3＝8,5－3＝2,5＊3＝－28710

(5) 不同类型的表达式要使用不同的格式转换符,同一表达式如果按照不同的格式转换符来输出,则其结果可能是不一样的。

```
#include<stdio.h>
void main()
{
  char ch='B';
  int a=12;
  float m=3.14;
  printf("a=%d,m=%f",a,m);//输出结果:a=12,m=3.140000
  printf("a=%f,m=%f",a,m); //输出结果:a=0.000000,b=2012780960
```

```
    printf("ch=%c",ch);        //输出结果:ch=B,以字符形式输出
    printf("ch=%d",ch);        //输出结果:ch=66,以 ASCII 码形式输出
}
```

7. 输入函数 scanf

1) scanf 函数调用的一般形式

scanf 函数调用的一般形式为

scanf("格式控制字符串",变量 1 的地址,变量 2 的地址,…,变量 n 的地址);

例如,`scanf("%d,%d",&x,&y);`

(1) 格式控制字符串:双引号括起来的部分,用于指定输入格式。

(2) 格式控制字符串分为两部分:格式声明和普通型字符。

格式声明:以%开头的一个或多个字符,说明输入数据的类型、形式、长度、小数位数等。

普通型字符:除格式声明以外的其他字符,普通型字符原样输入。

(3) 输入地址列表:变量 1 的地址,变量 2 的地址,…,变量 n 的地址。例如,&x,&y。

取地址运算符:&,单目运算符,右结合性,右边操作数只能是变量。例如,&a 表示取变量 a 的地址,&x 表示取变量 x 的地址,&b 表示取变量 b 的地址,&y 表示取变量 y 的地址。

(4) 格式控制字符串的个数,与输入地址列表个数一一对应。

```
scanf("%d,%d",&x,&y);
```

2) scanf 函数调用的功能

在第一个参数格式控制字符串的控制下,接受用户的键盘输入,并将输入的数据依此存放在变量 1,变量 2,…,变量 n 中 。

3) scanf 函数调用的使用方法

(1) 如果相邻两个格式控制符之间不指定数据分隔符(如逗号、冒号等),则相应的两个输入数据之间,至少用一个空格分隔,或者按"Tab"键分隔,或者输入一个数据后,按回车键,然后再输入下一个数据。

```
scanf("%d%d",&a,&b);//%d%d之间没有分隔符
```

假设给 a 输入 78,给 b 输入 45,则正确的输入操作为:78 ␣ 45 ↙

或者 78 tab 45 ↙

或者 78 ↙

45 ↙

其中,“ ⊔ ”表示空格操作,“tab”表示按 Tab 键操作,“↙”符号表示按回车键操作,“ ⊔ ”、“tab”、“↙”在输入数据操作中的作用是通知系统一个输入操作结束。

```
#include<stdio.h>
void main( )
{
  int a,b;
  float m;
  scanf("%d%d%f",&a,&b,&m);
  printf("a=%d,b=%d,m=%d",a,b,m);
}
```

正确输入:23 ⊔ 34 ⊔ 2.5 ↙

输出结果:

a=23,b=34,m=2.500000

(2) 格式控制字符串中出现的普通型字符(包括转义字符)必须原样输入,否则输入结果有误。

```
#include<stdio.h>
void main( )
{
  int a,b;
  scanf("a=%d,b=%d\n",&a,&b);
  printf("a=%d,b=%d",a,b);
}
```

正确输入:a=56,b=85 ↙

输出结果:

a=56,b=85

(3) 为了简化输入操作,同时设计代码更加人性化,在设计输入操作时,一般先用 printf 函数输出一个提示信息,再用 scanf 函数进行数据输入 。

```
#include<stdio.h>
void main( )
{
  float a,b;
  printf("请输入三角形的底和高:");       //提示信息
  scanf("%f%f",&a,&b);
  printf("三角形面积为:%f",(a * b)/2);
}
```

输出结果：

请输入三角形的底和高:2.5 ␣ 2.0

三角形面积为:2.500000

(4) 使用格式控制符%c 输入单个字符时，空格和转义字符均作为有效字符被输入。

```
#include<stdio.h>
void main( )
{
  char a1,a2,a3;
  int n,m;
  scanf("%c%c",&a1,&a2);
  scanf("%d%c%d",&n,&a3,&m);
  printf("%c,%c,%c,%d,%d",a1,a2,a3,n,m);
}
```

若输入为:h ␣ i ␣ 23 ␣ u ␣ 24 ↙，则会将 h 赋值给 a1，␣ 赋值给 a2，i 赋值给 n，␣ 赋值给 a3，23 赋值给 m，其他多余的输入无效。

正确输入:hi23u24 ↙

输出结果：

h,i,u,23,24

(5) 当一次 scanf 函数调用需要输入多个数据项时，如果前面数据的输入遇到非法字符，并且输入的非法字符不是格式控制字符串中的常规字符，那么，这种非法输入将影响后面数据的输入，导致数据输入失败。

```
#include <stdio.h>
void main( )
{
  int n,m;
  scanf("%d,%d ",&n,&m);
  printf("%d,%d",n,m);
}
```

正确的输入为:45,56 ↙

输出结果：

45,56

若输入为:45a56，则会将 45 赋值给 n，而 m 的值不可预测。

任务分析

1. 从用户角度分析

输入:10000。

输出:1150。

2. 从程序员角度分析

算法设计如图 3-1 所示。

图 3-1　任务流程图

程序编写

```
#include<stdio.h>
void main( )
{
  float salary,sale;
  scanf("%f",&sale);
  salary=300+sale * 0.085;
  printf("salary=%f",salary);
}
```

任务二　求一元二次方程 $ax^2+bx+c=0$ 的根

任务描述

1. 任务理解

(1) 设 $b^2-4ac>0$,根据求根公式,有 $x1=\frac{-b+\sqrt{b^2-4ac}}{2a}$,$x2=\frac{-b-\sqrt{b^2-4ac}}{2a}$。

(2) C语言程序如何表示根号运算?

2. 任务知识点

(1) C语言程序中数学函数的使用方法。

(2) C语言程序中语句的分类。

基本知识

1. 数学函数的使用方法

(1) 在调用数学函数时,需要在当前源文件的头部添加语句,即

```
#include<math.h>
```

(2) 源文件 math. h 中的数学函数,请见附录。

(3) 几个常用数学函数的使用方法。

开根号函数 double sqrt(double x)的使用方法如下。

```
double a;
a=sqrt(4);      //a的值为 2.000000
```

求绝对值函数 double fabs(double x)的使用方法如下。

```
double a=-5.8;
a=fabs(a);      //a的值为 5.800000
```

求整数绝对值函数 int abs(int x)的使用方法如下。

```
int a=-8;
a=abs(a);       //a的值为 8
```

2. C语言程序中语句的分类

C语言程序的执行部分是由语句组成的。程序的功能也是由执行语句实现的。C语言中的语句可以分为以下5类。

1) 表达式语句

由表达式加上分号";"组成。其一般形式为"表达式;",例如,

```
a=10            //赋值表达式
a=10;           //赋值语句
k++             //表达式
k++;            //表达式语句
```

2) 函数调用语句

由函数名、实际参数加上分号";"组成。其一般形式为"函数名(实际参数表);"例如,

```
printf("C Program")            //函数调用
printf("C Program");           //函数调用语句
                               //其功能是输出字符串"C Program"
```

3）空语句

只有分号“;”组成的语句称为空语句。空语句是什么也不执行的语句。在程序中空语句可用于空循环体。

```
while(getchar()!='\n')
  ;
```

本语句的功能是，输入回车键表示结束字符输入，若不是回车键，则重新输入字符，这里的循环体为空语句。

4）复合语句

复合语句为用{…}括起来的一组语句。

(1) 一般形式为

```
{[数据说明部分;]
 执行语句部分;
}
```

例如，

```
{
  int a=2,b=3,c;
  c=a+b;
  printf("c=%d\n",c);
}
```

(2) 说明如下。

① “}”后不加分号；

② 语法上和单一语句相同；

③ 复合语句可嵌套；

④ 复合语句内定义的变量只能在复合语句内使用。

```
#include<stdio.h>
void main()
{
  int x=10,y=20,z;
  z=x+y;
  {
    int z;
```

```
    z=x * y;
    printf("z=%d\n",z);      //输出复合语句中 z 的值
  }
  printf("z=%d\n",z);        //输出复合语句外 z 的值
}
```

输出结果：

z＝200

z＝30

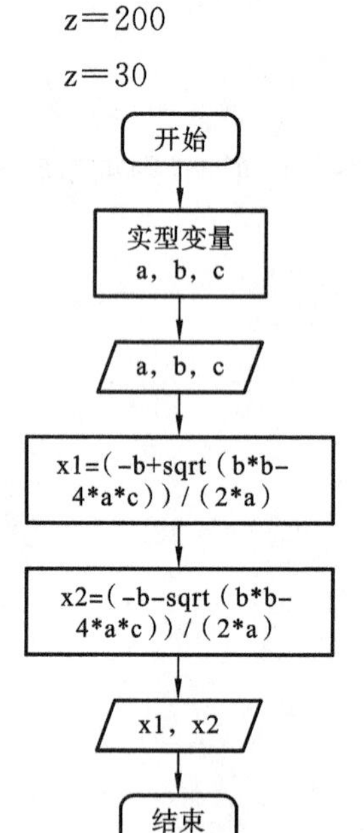

图 3-2 任务流程图

5）控制语句

用于实现一定控制功能的语句称为控制语句 。C 语言用控制语句来实现选择结构和循环结构。C 语言有九种控制语句,可分成以下三类。

（1）选择结构控制语句:if( )…else…,switch( )…。

（2）循环结构控制语句:do…while( ),while( )…,for( )…。

（3）辅助控制控制语句:continue,break,return。

任务分析

1. 从用户角度分析

输入:1、5、6。

输出:x1=－2.000000,x2=－3.000000。

2. 从程序员角度分析

算法设计如图 3-2 所示。

程序编写

```
#include<stdio.h>
#include<math.h>
void main()
{
  double a,b,c,x1,x2;
  printf("请输入二元一次方程的三个系数:");
  scanf("%lf%lf%lf",&a,&b,&c);
  x1=(-b+sqrt(b * b-4 * a * c))/(2 * a);
  x2=(-b-sqrt(b * b-4 * a * c))/(2 * a);
  printf("x1=%lf,x2=%lf",x1,x2);
}
```

知识拓展

顺序结构程序应用举例。

例 3.1 编写一个程序,把年龄转换成天数并显示两者的值,不用考虑平年和闰年的问题。

分析题目得出计算公式为 days=age * 365。

算法设计如图 3-3 所示。

编写程序如下:

```
#include<stdio.h>
void main()
{
  int age,days;
  scanf("%d",&age);          //输入年龄
  days=age * 365;            //计算天数
  printf("%d岁,%d天",age,days);
}
```

例 3.2 输入三角形三边的长,求三角形面积。

(1) 确定三角形三边长,求三角形面积的方法如下:

$$s=(a+b+c)/2, \quad area=\sqrt{s(s-a)(s-b)(s-c)}$$

(2) 算法设计如图 3-4 所示。

编写程序如下:

```
#include<stdio.h>
#include<math.h>
```

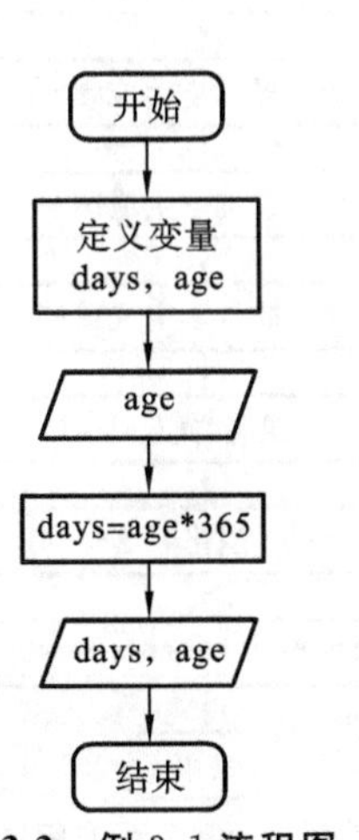

图 3-3 例 3.1 流程图

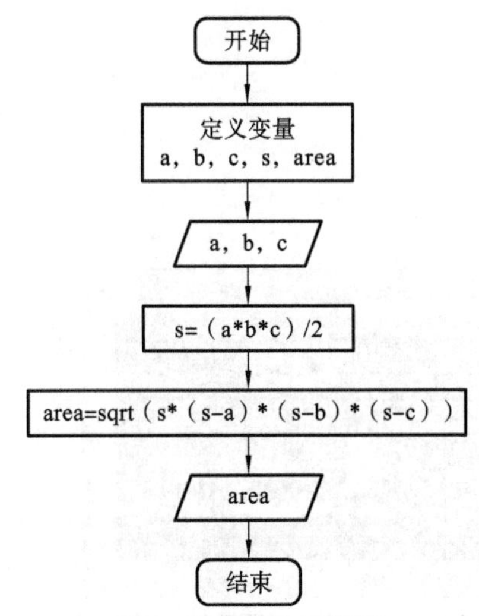

图 3-4 例 3.2 流程图

```
void main()
{
  float a,b,c,s,area;
  scanf("%f%f%f",&a,&b,&c);               //输入三角形三边的长
  s=(a+b+c)/2;
  area=sqrt(s*(s-a)*(s-b)*(s-c));   //计算三角形面积
  printf("a=%f,b=%f,c=%f,area=%f",a,b,c,area);
}
```

项目实施

项目分析

1. 从用户角度分析

输入：无。

输出：如图 3-5 所示。

2. 从程序员角度分析

算法设计如图 3-6 所示。

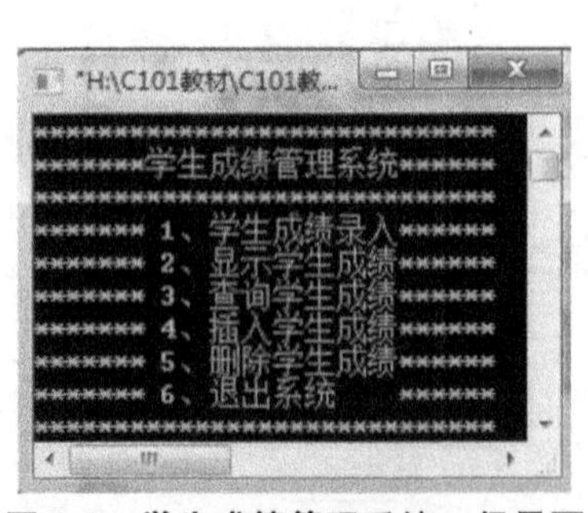

图 3-5　学生成绩管理系统一级界面

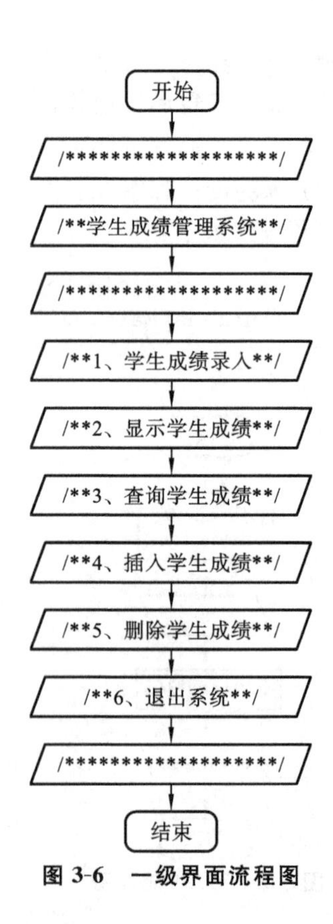

图 3-6　一级界面流程图

程序编写

```
#include<stdio.h>
void main( )
{
  printf("* * * * * * * * * * * * * * * * * * * * * * * * * * * * * * *\n");
  printf("* * * * * * * 学生成绩管理系统 * * * * * * *\n");
  printf("* * * * * * * * * * * * * * * * * * * * * * * * * * * * * * *\n");
  printf("* * * * * * *  1、学生成绩录入 * * * * * * *\n");
  printf("* * * * * * *  2、显示学生成绩 * * * * * * *\n");
  printf("* * * * * * *  3、查询学生成绩 * * * * * * *\n");
  printf("* * * * * * *  4、插入学生成绩 * * * * * * *\n");
  printf("* * * * * * *  5、删除学生成绩 * * * * * * *\n");
  printf("* * * * * * *  6、退出系统 * * * * * * *\n");
  printf("* * * * * * * * * * * * * * * * * * * * * * * * * * * * * * *\n");
}
```

知识小结

(1) “%”为求余运算符，要求两个操作数必须为整数。

(2) “/”为除法运算符，当两个操作数都为整数时，其结果也为整数；当两个操作数至少有一个为实型时，结果才为小数。

(3) 当自增自减运算符单独为一条语句时，＋＋、－－在前和在后结果一样，都是使变量值加 1 或减 1。

(4) ＋＋和－－运算符只能用于变量，不能用于常量和表达式。因为＋＋和－－蕴含着赋值操作。

(5) 负号运算符、＋＋、－－和强制类型转换运算符的优先级相同，当这些运算符连用时，按照从右向左的顺序计算，即具有右结合性。

(6) 输出列表表达式为任意表达式，可以为常量、变量、表达式等。

(7) 当格式控制字符串中既含有普通型字符，又包含有格式控制符时，输出列表表达式的个数应与格式控制符的个数一致。

(8) 如果格式控制字符串中格式控制符的个数多于输出列表中表达式的个数，则余下的格式控制符的值将是不确定的。

(9) 如果相邻两个格式控制符之间，不指定数据分隔符(如逗号、冒号等)，则相应的两个输入数据之间，至少要用一个空格分隔，或者按“Tab”键分隔，或者输入一个数据后，按回车键，然后再输入下一个数据。

习 题 三

一、填空题

1. 若有以下定义,请写出以下程序段中输出语句执行后的输出结果。

(1)________ (2)________ (3)________

```
int i=-200,j=2500;
printf("%d%d",i,j);                    //(1)
printf("i=%d,j=%d\n" ,i,j);            //(2)
printf("i=%d\n,j=%d\n",i,j);           //(3)
```

2. 以下程序输入1 ␣ 2 ␣ 3后的执行结果是________(注:␣ 代表空格)。

```
#include<stdio.h>
void main( )
{ int i,j;
  char k;
  scanf("%d%c%d",&i,&k,&j);
  printf("i=%d,k=%c,j=%d\n",i,k,j);
}
```

3. 假设变量a和b均为整型,以下语句可以不借助任何变量把a、b中的值进行交换,请填空。

```
a+=_______;  b=a-_______;  a-=_______;
```

4. 以下程序段的输出结果是________。

```
int x=0177;
printf("x=%3d,x=%6d,x=%6o,x=%6x,x=%6u\n",x,x,x,x,x);
```

5. 以下程序段的输出结果是________。

```
double a=5.13.789215;
printf("a=%8.6f,a=%8.2f,a=%14.8f,a=%14.8lf\n",a,a,a,a);
```

6. 以下程序段的输出结果是________。

```
void main( )
{ short i;
  i=-4;
  printf("\ni:dec=%d,oct=%o,hex=%x,unsigned=%u\n",i,i,i,i);
}
```

7. 以下程序段的输出结果是________。

```
void main( )
{ char c='x';
  printf("c:dec=%d,oct=%o,hex=%x,ASCII=%c\n",c,c,c,c);
}
```

8. 以下程序段的输出结果是________。

```
void main( )
{ int x=1,y=2;
  printf("x=%d y=%d * sum * =%d\n",x,y,x+y);
  printf("10 Squared is: %d\n",10 * 10);
}
```

9. 复合语句在语法上被认为是________。空语句的形式是________。

10. C 语句的最后用________表示结束。

二、选择题

1. 以下程序的执行结果是________。

```
#include<stdio.h>
void main( )
{ int x=2,y=3;
  printf("x=%%d,y=%%d\n",x,y);
}
```

A. x=%2,y=%3　　B. x=%%d,y=%%d

C. x=2,y=3　　D. x=%d,y=%d

2. putchar 函数可以向终端输出一个________。

A. 整型变量表达式值　　B. 字符串

C. 实型变量值　　D. 字符或字符型变量值

3. 若 a、b、c、d 都是 int 类型变量且初值为 0,以下选项中不正确的赋值语句是________。

A. a=b=c=d=100;　B. d++;　C. c+b;　D. d=(c=22)-(b++);

4. 以下选项中不是 C 语句的是________。

A. {int i; i++; printf("%d\n",i);}　　B. ;

C. a=5,c=10　　D. { ;}

5. 以下合法的 C 语言赋值语句是________。

A. a=b=58　　B. k=int(a+b);　　C. a=58,b=58　　D. --i;

6. 以下程序段的输出结果是________。

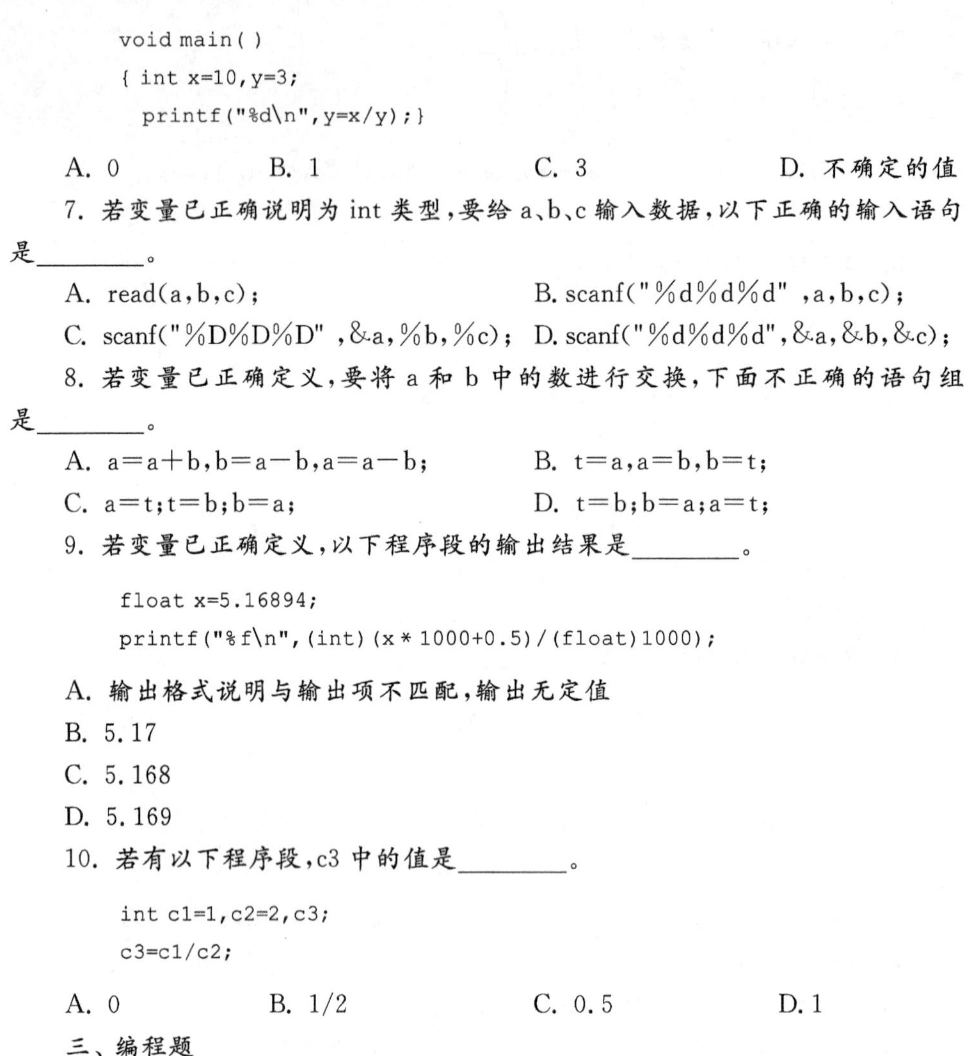

```
void main( )
{ int x=10,y=3;
  printf("%d\n",y=x/y);}
```

A. 0　　B. 1　　C. 3　　D. 不确定的值

7. 若变量已正确说明为 int 类型,要给 a、b、c 输入数据,以下正确的输入语句是________。

A. read(a,b,c);　　B. scanf("%d%d%d" ,a,b,c);

C. scanf("%D%D%D" ,&a,%b,%c);　　D. scanf("%d%d%d",&a,&b,&c);

8. 若变量已正确定义,要将 a 和 b 中的数进行交换,下面不正确的语句组是________。

A. a=a+b,b=a−b,a=a−b;　　B. t=a,a=b,b=t;

C. a=t;t=b;b=a;　　D. t=b;b=a;a=t;

9. 若变量已正确定义,以下程序段的输出结果是________。

```
float x=5.16894;
printf("%f\n",(int)(x*1000+0.5)/(float)1000);
```

A. 输出格式说明与输出项不匹配,输出无定值

B. 5.17

C. 5.168

D. 5.169

10. 若有以下程序段,c3 中的值是________。

```
int c1=1,c2=2,c3;
c3=c1/c2;
```

A. 0　　B. 1/2　　C. 0.5　　D. 1

三、编程题

1. 编写程序,把 560 分钟换算成用小时和分钟表示,然后进行输出。

2. 编写程序,输入两个整数 1500 和 350,求出它们的商数和余数并输出结果。

3. 编写程序,读入三个双精度数,求它们的平均值并保留此平均值小数后 1 位数,对小数点后第 2 位数进行四舍五入,最后输出结果。

4. 编写程序,读入三个整数并赋值给 a、b、c,然后交换它们中的数,把 a 中原来的值给 b,把 b 中原来的值给 c,把 c 中原来的值给 a。

项目四

学生成绩管理系统一级界面的选择和二级界面的设计

项目三对C语言程序进行了分类，本项目主要介绍C语言控制语句的选择结构语句。选择结构语句有if语句、switch语句，首先讲解if语句的三种基本结构，其中涉及关系表达式和逻辑表达式，从而对关系运算符和逻辑运算符进行了介绍；然后讲解if语句的嵌套使用方法，讲解switch语句的使用方法；最后对本项目的项目实施进行讲解。

项目重点、难点

(1) if语句的三种基本结构。

(2) 关系表达式和逻辑表达式的使用方法。

(3) if语句的嵌套使用方法。

(4) switch语句的使用方法。

任务一　比较三个数的大小

任务描述

1. 任务理解

(1) 三个数均为整数。

(2) C语言程序设计中如何比较两个数的大小？

2. 任务知识点

(1) 关系表达式和逻辑表达式。

(2) if语句的三种基本结构。

基本知识

1. 关系表达式

(1) 关系运算符如表4-1所示。

表 4-1　关系运算符

<table>
<tr><th>关系运算符</th><th>含　义</th><th>优　先　级</th><th>结　合　性</th></tr>
<tr><td>＞</td><td>大于</td><td rowspan="4">高</td><td rowspan="6">左结合性</td></tr>
<tr><td>＞＝
（＞和＝之间没有空格）</td><td>大于或等于</td></tr>
<tr><td>＜</td><td>小于</td></tr>
<tr><td>＜＝
（＜和＝之间没有空格）</td><td>小于或等于</td></tr>
<tr><td>＝＝
（两个＝之间没有空格）</td><td>等于</td><td rowspan="2">低</td></tr>
<tr><td>！＝
（！和＝之间没有空格）</td><td>不等于</td></tr>
</table>

（2）关系表达式及其形式。

① 关系表达式：用关系运算符连接起来的式子称为关系表达式。

② 关系表达式的一般形式为：表达式 关系运算符 表达式。例如，

a＋b＞c－d；

x＞3 /2；

'a'＋1＜c；

－ i－5＊j＝＝ k＋1。

③ 关系表达式的值：一个关系表达式的值不是 0 就是 1。C 语言规定 0 表示假，非 0 表示真。例如，

3＞4：表达式不成立，为假，值为 0。

5＝＝8：表达式不成立，为假，值为 0。

1＜3：表达式成立，为真，值为 1。

（3）关系运算符的优先级。

在所学的运算符中，自增自减运算符具有最高优先级，其次是算术运算符、关系运算符、赋值运算符，逗号运算符的优先级最低，如图 4-1 所示。

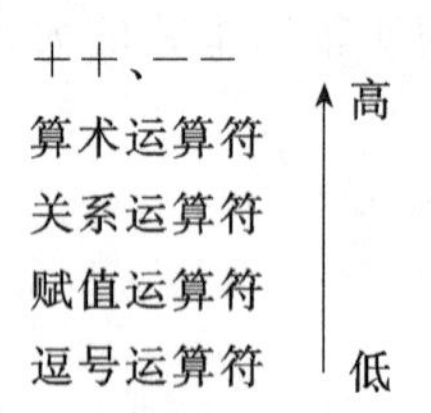

图 4-1　关系运算符的优先级

例如，下列表达式的运算顺序。

c＞a＋b 等价于 c＞(a＋b)；

a＞b ！＝ c 等价于(a＞b)！＝ c；

a＝b＞c 等价于 a＝(b＞c)。

2. 逻辑表达式

(1) 逻辑运算符如表 4-2 所示。

表 4-2 逻辑运算符

<table>
<tr><th>逻辑运算符</th><th>含　义</th><th>结合性</th><th>优先级</th></tr>
<tr><td>！</td><td>单目运算符，逻辑非，表示相反</td><td>右结合性</td><td>高</td></tr>
<tr><td>&&
(两个 & 之间没有空格)</td><td>双目运算符，逻辑与，表示并且</td><td rowspan="2">左结合性</td><td rowspan="2">低</td></tr>
<tr><td>||
(两个|之间没有空格)</td><td>双目运算符，逻辑或，表示或者</td></tr>
</table>

(2) 逻辑表达式及其形式。

① 用逻辑运算符连接起来的式子称为逻辑表达式。

② 逻辑表达式的一般形式为：表达式 逻辑运算符 表达式，例如：

a＝＝b && b＜c；

x＞＝10 || x＜－10；

x && ！ y。

(3) 逻辑表达式的真值表。

逻辑表达式的值不是 0，就是 1。是 0 就为假，是 1 就为真。逻辑表达式的真值表如表 4-3 所示。

表 4-3 逻辑表达式的真值表

<table>
<tr><th>A</th><th>B</th><th>！A</th><th>！B</th><th>A && B</th><th>A || B</th></tr>
<tr><td>假</td><td>假</td><td>1</td><td>1</td><td>0</td><td>0</td></tr>
<tr><td>假</td><td>真</td><td>1</td><td>0</td><td>0</td><td>1</td></tr>
<tr><td>真</td><td>假</td><td>0</td><td>1</td><td>0</td><td>1</td></tr>
<tr><td>真</td><td>真</td><td>0</td><td>0</td><td>1</td><td>1</td></tr>
</table>

(4) 逻辑运算符的优先级。

在逻辑运算符中，！与＋＋、－－运算符具有最高优先级，而 &&、|| 运算符的优先级高于赋值运算符，低于关系运算符，如图 4-2 所示。

例如，下列表达式的运算顺序。

!、++、--　↑高
算术运算符
关系运算符
&&、||
赋值运算符
逗号运算符　低

图 4-2　逻辑运算符的优先级

a>b && x>y 等价于(a>b) &&(x>y);

a== b || x<= y 等价于(a== b) ||(x<= y);

! a || a>! b 等价于(! a) ||(a>(! b));

c=a || b 等价于 c=(a || b)。

(5) 逻辑表达式的使用方法。

当求解逻辑表达式时,并非执行所有的逻辑运算符,当必须执行下一个逻辑运算符才能求出表达式的解时,才执行该运算符。

a && b && c

当 a 为真时,才判别 b 的值;当 a、b 都为真时,才判别 c 的值。

a || b || c

当 a 为假时,才判别 b 的值;当 a、b 都为假时,才判别 c 的值。

```
#include<stdio.h>
void main()
{
  int a=1,b=2,c,d,n;
  d=a||b++||6;          //a=1,=2,d=1
  n=!a&&b++;            //a=1,b=2,n=0
  c=a&&b++||a++;        //a=1,b=3,c=1
  printf("a=%d,b=%d,c=%d,d=%d,n=%d\n",a,b,c,d,n);
}
```

输出结果:

a=1,b=3,c=1,d=1,n=0

(6) 关系表达式和逻辑表达式的使用方法。

关系表达式和逻辑表达式一般使用赋值表达式、选择判断表达式、循环判断表达式等。

① 关系表达式和逻辑表达式在赋值表达式中的使用方法。

```
#include<stdio.h>
void main()
```

```
{
  int a=1,b=2,c;
  c=(a+12>4&&b++||a++);              //为赋值表达式
  printf("a=%d,b=%d,c=%d \n",a,b,c);
}
```

输出结果：

a=1,b=3,c=1

② 关系表达式和逻辑表达式在选择判断表达式中的使用方法。

```
#include<stdio.h>
void main( )
{
  int a=1,b=2,c;
  if(a>b&&a!=0)          //if 后括号内为选择判断表达式
      c=a;               //表达式为真,则执行 c=a
  else  c=b;             //表达式为假,则执行 else 后的语句
  printf("c=%d \n",c);
}
```

输出结果：

c=2

③ 关系表达式和逻辑表达式在循环判断表达式中的使用方法。

```
#include<stdio.h>
void main( )
{
  int a=1,sum=0;
  while(a<=100)         //while 后括号内为循环判断表达式
  {
    if(a%2==0)          //if 后括号内为选择判断表达式
      sum=sum+a;
    a++;
  }
  printf("sum=%d \n",sum);
}
```

输出结果：

c=2550

3. if 语句的三种基本结构

1) if 语句

(1) 格式：

if （表达式）
    语句；

（2）if 语句的流程图如图 4-3 所示。

例如，下面的程序段的功能是输入两个整数，比较两数的大小，输出其中较大数。

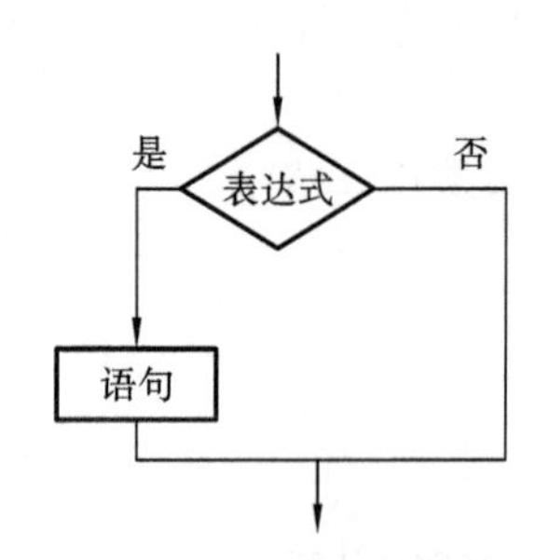

图 4-3　执行 if 语句的流程图

```
#include<stdio.h>
void main()
{
  int a,b,max;
  printf("请输入两个整数:");
  scanf("%d,%d",&a,&b);
  max=a;
  if(max<b)
    max=b;
  printf("max=%d",max);
}
```

输入为：23，98。

输出结果：

max＝98

2）第二种基本形式：if_else 语句

（1）格式：

if （表达式）
    语句 1；
else
    语句 2；

（2）执行 if_else 语句的流程图如图 4-4 所示。

例如，下面的程序段的功能是输入两个整数，输出其中的最大数。

```
#include<stdio.h>
void main()
{
  int a,b;
  printf("请输入两个整数:");
  scanf("%d,%d",&a,&b);
  if(a>b)
    printf("max=%d\n",a);
  else
```

```
    printf("max=%d\n",b);
}
```

输入为:23,98。

输出结果:

max=98

3) 第三种基本形式:if_else_if 语句

(1) 格式:

```
if(表达式 1)          语句 1;
else if(表达式 2)     语句 2;
else if(表达式 3)     语句 3;
⋮
[else                 语句 n;]
```

(2) 执行 if_else_if 语句的流程图如图 4-5 所示。

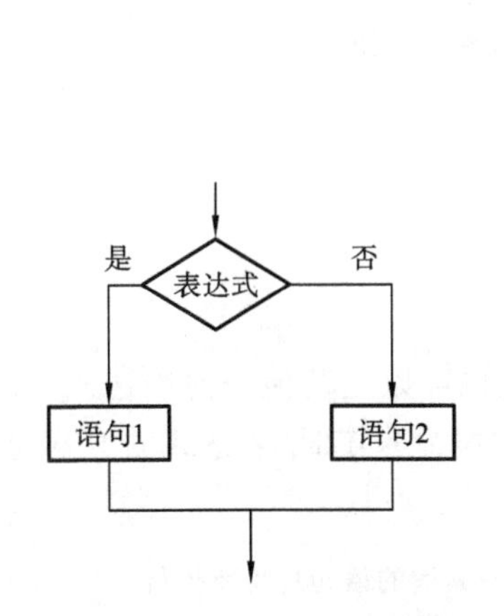

图 4-4　执行 if_esle 语句的流程图

图 4-5　执行 if_else_if 语句的流程图

例如,下面的程序段的功能是判断输入字符的种类。

```
#include<stdio.h>
void main()
{
  char c;
  printf("请输入一个字符:");
  scanf("%c",&c);
  if(c<0x20)
    printf("您输入的是控制字符!\n");
  else if(c>='0'&&c<='9')
```

```
    printf("您输入的是数字字符!\n");
  else if(c>='A'&&c<='Z')
    printf("您输入的是大写字母字符!\n");
  else if(c>='a'&&c<='z')
    printf("您输入的是小写字母字符!\n");
  else
    printf("您输入的是其他字符!\n");
}
```

输出结果：

请输入一个字符：a　　　您输入的是小写字母字符！

请输入一个字符：6　　　您输入的是数字字符！

请输入一个字符：'　　　您输入的是其他字符！

4) if 语句注意事项

(1) if 语句后面的表达式必须用括号括起来。例如，

```
if x>0              //错误,不符合语法,编译器会报错!
  printf("x>0");
```

又如，

```
if(x>0)             //正确
  printf("x>0");
```

(2) 表达式通常是逻辑表达式或关系表达式，但也可以是其他任何表达式，如赋值表达式等，甚至也可以是一个变量。当表达式的值为非零时，表达式的值就为真，否则就是假。例如，

```
if(a=5) 语句;        //表达式的值永远为非 0,其后的语句总是要执行
if(b)语句;           //等价于 if(b!=0) 语句;
if(! b)语句;         //等价于 if(b==0) 语句;
```

又如，阅读以下程序，得出程序运行结果。

```
#include<stdio.h>
void main()
{
  int a,b=6;
  if(a=5) b++;
  else  b--;
  if(!b) a++;
  else if(b++) a++;
```

```
  else a++;
  printf("a=%d,b=%d\n",a,b);
}
```

输出结果：

a=6,b=8

(3) 在if语句的三种形式中，所有的语句应为单个语句，如果要想在满足条件时执行一组(多个)语句，则必须把这一组语句用大括号{ }括起来组成一个复合语句。但要注意的是在}之后不能再加分号。

例如，错误形式：

```
if(a>b)            //满足条件,执行 a++
  a++;
  b++;             //不管条件满足与否,都执行
else               //此处报错,没有 if 配对
{
  a=0;
  b=1;
}
```

正确形式：

```
if(a>b)
{
  a++;
  b++;
}
else
{
  a=0;
  b=1;
}
```

(4) 在if语句中，如果表达式是判断两个数是否相等的关系表达式，则要当心不要将==写成了赋值运算符=。

例如，

```
#include<stdio.h>
void main()
{
  int x=0;
  if(x==0)
```

```
    printf("x=0\n");
  else
    printf("x!=0\n");
}
```

输出结果：

x=0

又如，

```
#include<stdio.h>
void main()
{
  int x=0;
  if(x=0)
    printf("x=0\n");
  else
    printf("x!=0\n");
}
```

输出结果：

x!=0

4. 条件运算符

(1) 一般形式：expr1? expr2:expr3。

(2) 执行过程如图 4-6 所示。

(3) 功能：相当于条件语句，但不能取代一般 if 语句。

(4) 使用如下。

① 判断两数是否相等，若相等，则值为 Y，若不相等，则值为 N，其条件表达式为

(a==b)?'Y':'N'

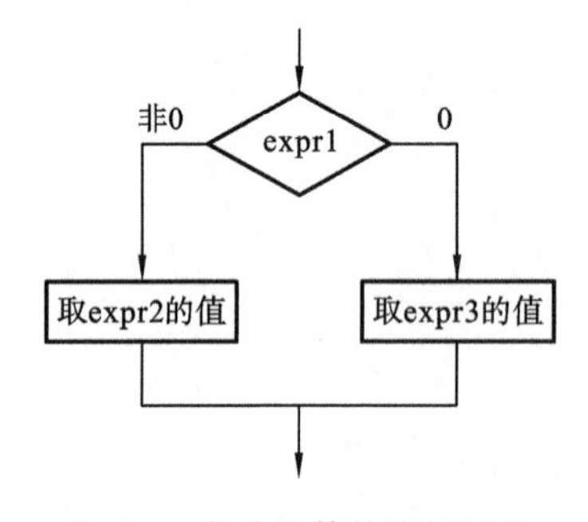

图 4-6 条件运算符执行过程

② 判断一个数是否能被 2 整除，若能，则值为 1，若不能，则值为 0，条件表达式为

(x%2==0)? 1:0

③ 判断一个数是否为正数或负数，若为正数，则值为这个数本身，若为负数，则值前加符号“-”，即

(x>=0)? x:-x

④ 求 a+|b|的值，有

b>0? a+b:a-b

⑤ 求小写字母的前驱字符和后继字符。

```
#include<stdio.h>
void main()
{
  char ch,ch1,ch2;//变量定义
  scanf("%c",&ch);//读取一字符
  if(ch>='a'&&ch<='z')
  {
    ch1=ch=='a'?'z':ch-1;                  //求前驱字符
    ch2=ch=='z'?'a':ch+1;                  //求后继字符
    printf("ch1=%c,ch2=%c\n",ch1,ch2);     //显示结果
  }
  else printf("您输入的不是小写字母!");
}
```

输出结果：

a	ch1=z,ch2=b
z	ch1=y,ch2=a
e	ch1=d,ch2=f
A	您输入的不是小写字母!

任务分析

1. 从用户角度分析

输入：23、45、34。

输出：45、34、23。

2. 从程序员角度分析

算法设计如图 4-7 所示。

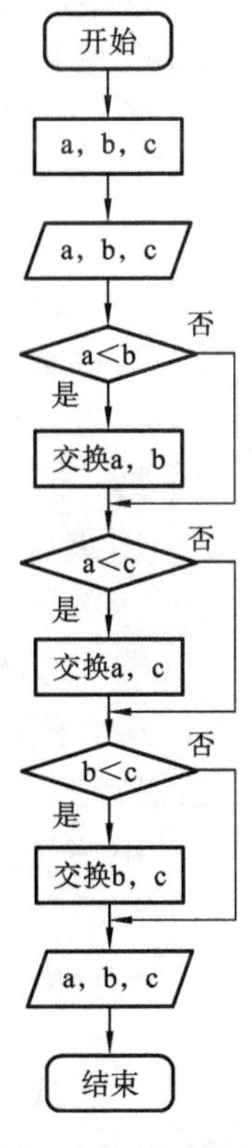

图 4-7　任务流程图

程序编写

```
#include<stdio.h>
void main()
{
  int a,b,c,t;
  scanf("%d%d%d",&a,&b,&c);
  if(a<b){t=a;a=b;b=t;}
  if(a<c){t=a;a=c;c=t;}
  if(b<c){t=b;b=c;c=t;}
  printf("a=%d,b=%d,c=%d",a,b,c);
}
```

任务二 判断闰年

任务描述

1. 任务理解

判断是闰年的条件为(满足其一为闰年)：

(1) 能被 4 整除,但不能被 100 整除；

(2) 能被 400 整除。

2. 任务知识点

if 语句的嵌套。

基本知识

1. if 语句嵌套的一般形式

if 语句嵌套的一般形式有以下四种。

(1) 第一种基本形式里嵌套第二种基本形式：

```
if(表达式 1)
   if(表达式 2)
      语句 1;
   else
      语句 2;
```

(2) 第一种基本形式嵌套第一种基本形式：

```
if(表达式 1)
   if(表达式 2)
      语句 1;
```

(3) 第二种基本形式里嵌套第一种基本形式,有以下两种表达方式。

① 嵌套于 if 分支或 else 分支：

```
if(表达式 1)
   if(表达式 2)
      语句 1;
   else
      语句 2;
```

② 嵌套于 if 分支和 else 分支：

```
if(表达式 1)
   if(表达式 2)
```

```
    语句 1;
  else
    if(表达式 3)
      语句 2;
```

(4) 第二种基本形式里嵌套第二种基本形式，有以下两种表达式。

① 嵌套于 if 分支或 else 分支：

```
  if(表达式 1)
    语句 1;
  else
    if(表达式 2)
      语句 2;
    else
      语句 3;
```

② 嵌套于 if 分支和 else 分支：

```
  if(表达式 1)
    if(表达式 2)   语句 1;
    else   语句 2;
  else
    if(表达式 3)   语句 3;
    else   语句 4;
```

例如，输入两数并判断其大小关系。

```
#include<stdio.h>
void main()
{
  int a,b;
  printf("请输入两个整数: ");
  scanf("%d,%d",&a,&b);
  if(a!=b)
    if(a>b)  printf("a 大于 b\n");
    else     printf("a 小于 b\n");
  else
    printf("a 等于 b\n");
}
```

输出结果：

请输入两个整数:32,68

a 小于 b
请输入两个整数:58,66
a 大于 b
请输入两个整数:32,32
a 等于 b

2. if 语句配对原则

C 语言规定,在缺省{ }时,else 总是和它上面离它最近的未配对的 if 配对。

例 4.1 下面两段相同程序,else 与 if 的配对不同,结果也不同。

```
#include<stdio.h>
void main( )
{
  int a=8,b=-3;
  if(a>0)
  {
    if(b>0)
      a++;
  }
  else
    a--;
  printf("a=%d\n");
}
```

输出结果:
a=8

```
#include<stdio.h>
void main( )
{
  int a=8,b=-3;
  if(a>0)
    if(b>0)
        a++;
    else
      a--;
  printf("a=%d\n");
}
```

输出结果:
a=7

例 4.2　若想改变配对原则，可采用复合语句“{}”，考虑下面程序的输出结果。

```
void main( )
{
  int x=4,a=2,b=5;
  int m=5,n=0;
  if(a<b)
    if(b!=15)
      if(!m)
        x=1;
      else
        if(n)  x=10;
        else  x=30;          //else与if(n)配对
  printf("x=%d",x);
}
```

输出结果：

x＝30

任务分析

1. 从用户角度分析

输入：2008。

输出：是闰年。

输入：2100。

输出：不是闰年。

2. 从程序员角度分析

算法设计如图 4-8 所示。

程序编写

```
#include<stdio.h>

void main( )
{
  int year;
  scanf("%d",&year);
  if(year%400==0)printf("%d是闰年!",year);
  else if(year%4==0)
  {
```

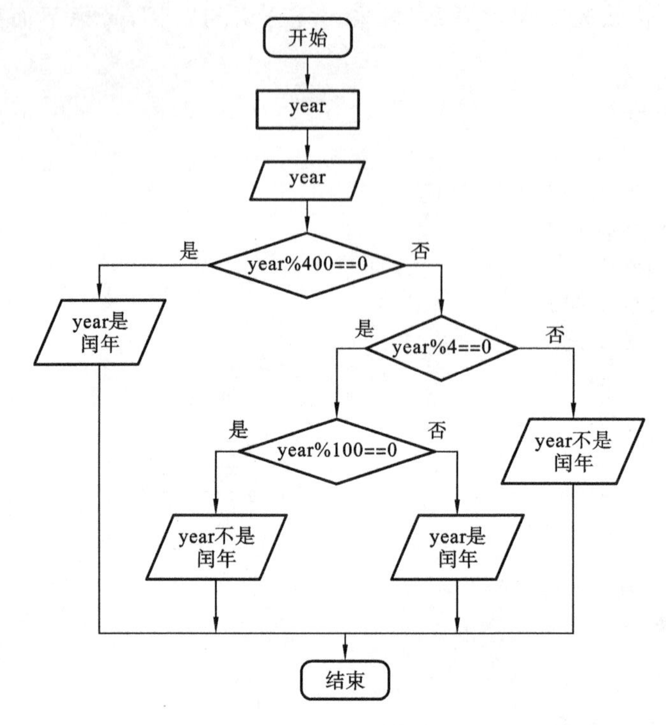

图 4-8　任务流程图

```
        if(year%100==0)printf("%d 不是闰年!",year);
        else printf("%d 是闰年!",year);
    }
    else printf("%d 不是闰年!",year);
}
```

任务三　简易计算器

任务描述

1. 任务理解

用户输入两个运算数和一个四则运算符，输出计算结果。完成具有加、减、乘、除运算功能的计算器，且操作数均为整型数据。

2. 任务知识点

switch 语句的使用方法。

基本知识

1. switch 语句

(1) 一般形式：

```
switch( 表达式)
{      case      E1：
                        语句组 1；
                        break；
     case      E2：
                        语句组 2；
                        break；
     ⋮
     case      En：
                        语句组 n；
                        break；
     [default：
                        语句组；
                        break；]
}
```

其中，E1，E2，…，En 为常量表达式；“[]”表示可选项，default 默认语句为可选项。

(2) 执行过程如图 4-9 所示。

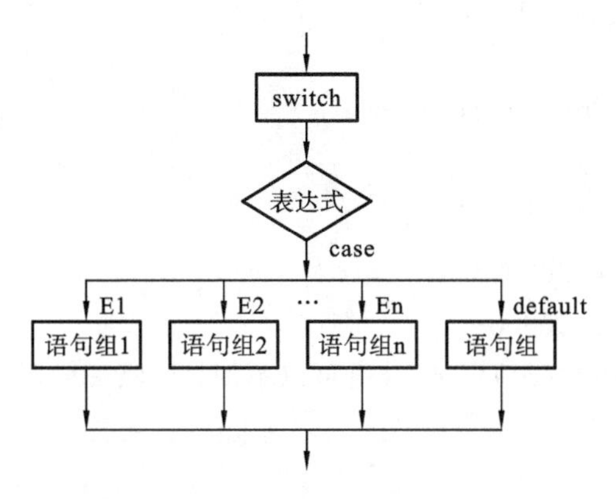

图 4-9　switch 语句执行过程

若表达式计算出来的值为 E1，则执行语句组 1；若表达式计算出来的值为 E2，则执行语句组 2；依次类推，若表达式计算出来的值为 En，则执行语句组 n；若表达式计算出来的值不是 E1 到 En 中的任一个，则执行默认语句 default。

2. switch 语句的使用方法

(1) switch 后面的"表达式",可以是 int、char 和枚举型中的一种,但不可为浮点型。例如,

```
float  a,b=3.5;
scanf("%f",&a);
switch(a)         //a 不可为浮点型表达式,此程序错误
{
  case 1:b++;break;
  case 2:b--;break;
}
printf("b=%f\n",b);
```

改正后的程序为

```
#include<stdio.h>
void main()
{
  int  a;
  float b=3.5;
  scanf("%d",&a);
  switch(a)
  {
    case 1:b++;break;
    case 2:b--;break;
  }
  printf("b=%f\n",b);
}
```

输出结果:

1　　　　b= 4.500000

2　　　　b= 2.500000

(2) case 后面语句(组)可加{ }也可以不加{ },但一般不加{ }。

```
switch(i)
{
  case 1:{ s+=a;break;}          //{ }可加可不加
  case 2:s-=a;break;
}
```

(3) 每个 case 后面"常量表达式"的值,必须各不相同,否则会出现相互矛盾的

现象。例如，

```
int  a,m=6;
scanf("%d",&a);
switch(a)
{
  case 2:m=m/2;break;         //不允许有两个相同的"2"标号
  case 3:m=m*2;break;
  case 2:m=m+2;break;         //不允许有两个相同的"2"标号
}
printf("m=%d\n",m);
```

改正后的程序为

```
#include<stdio.h>
void main()
{
  int  a,m=6;
  scanf("%d",&a);
  switch(a)
  {
    case 2:m=m/2;break;
    case 3:m=m*2;break;
    case 4:m=m+2;break;
  }
  printf("m=%d\n",m);
}
```

输出结果：

2　　　　m=3

3　　　　m=12

4　　　　m=8

(4) 每个 case 后面必须是“常量表达式”，表达式中不能包含变量。

例如，将学生成绩分成 A、B、C、D、E 几个等级。

```
int score;
printf("请输入学生分数：");
scanf("%d",&score);
switch(score)
{                                  //case 后面包含变量,错误
  case  score>=90:                   printf("A");break;
```

```
    case  score>=80 && score<90:  printf("B");break;
    case  score>=70 && score<80:  printf("C");break;
    case  score>=60 && score<70:  printf("E");break;
    default:                      printf("F");break;
  }
```

改正后的程序为

```
#include<stdio.h>
void main()
{
  int score;
  printf("请输入学生分数：");
  scanf("%d",&score);
  switch(score/10)
  {
    case 10:     printf("A");break;
    case 9:      printf("A");break;
    case 8:      printf("B");break;
    case 7:      printf("C");break;
    case 6:      printf("D");break;
    default:     printf("E");break;
  }
}
```

输出结果：

65　　　　D

98　　　　A

76　　　　C

(5) case后面的“常量表达式”仅起语句标号作用，并不进行条件判断。系统一旦找到入口标号，就从此标号开始执行，不再进行标号判断，所以必须加上break语句，以便结束switch语句。

```
#include<stdio.h>
  void main()
  {
    char  ch;
    scanf("%c",&ch);                        //假设输入为:N
    switch(ch)
    {
```

```
    case 'Y':  printf("Yes\n");          //没有 break 语句
    case 'N':  printf("No\n");           //没有 break 语句
    case 'A':  printf("All\n");break;
    default:   printf("Yes,No or All\n");
  }
}
```

输出结果：

Y　　　Yes

N　　　No

A　　　All

(6) 多个 case 子句,可省略 break 语句共用同一语句组。

例如,当 a 的值是 1、2、3 时,将 b 的值加 2;当 a 的值是 4、5、6 时,将 b 的值减 2;当 a 的值不是 1、2、3、4、5、6 时,将 b 的值乘以 2。

```
#include<stdio.h>
void main()
{
  int  a,b=4;
  scanf("%d",&a);
  switch(a)
  {
    case 1:
    case 2:
    case 3:  b+=2;  break;
    case 4:
    case 5:
    case 6:  b-=2;  break;
    default:b*=2;  break;
  }
  printf("b=%d\n",b);
}
```

输出结果：

1　　b=6

5　　b=2

7　　b=8

(7) case 子句和 default 子句如果都带有 break 子句,那么它们之间顺序的变化不会影响 switch 语句的功能。case 子句和 default 子句如果有的带有 break 子句,而有的没有带 break 子句,那么它们之间顺序的变化可能会影响输出的结果。

```
#include<stdio.h>
void main()
{
  int a,m=6;
  scanf("%d",&a);
  switch(a)
  {
    case 2:m=m/2;break;
    case 3:m=m*2;break;
    case 4:m=m+2;break;
    default:m=m-2;
  }
  printf("m=%d\n",m);
}
```

输入 1,其输出结果:

m=4

```
#include<stdio.h>
void main()
{
  int a,m=6;
  scanf("%d",&a);
  switch(a)
  {
    case 2:m=m/2;break;
    default:m=m-2;
    case 3:m=m*2;break;
    case 4:m=m+2;break;
  }
  printf("m=%d\n",m);
}
```

输入 1,其输出结果:

m=8

(8) switch 语句可以嵌套,break 语句只能跳出它最近一层的 switch。

```
void main()
{
```

```
  int x=1,y=1,a=0,b=0;
  switch( x )
  {
    case 1: switch( y )
       {
         case 0: a++;break;      //①
         case 1: b++;break;      //②
       }                         //③
    case 2: a++;b++;break;       //④
    case 3: a++;b++;
  }                              //⑤
  printf("\na=%d,b=%d",a,b);
}
```

语句①、②break跳出到语句③后面，没有遇到break，直接往下执行语句④的a++，b++；遇到break，跳出到语句⑤后面。

输出结果：

a=1,b=2

任务分析

1. 从用户角度分析

输入：3+4。

输出：3+4=7。

2. 从程序员角度分析

算法设计如图4-10所示。

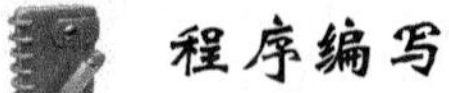

程序编写

```
#include<stdio.h>
void main( )
{
  double da1,da2,an;          //定义运算数和运算结果
  char ch;                    //定义运算符
  printf("请输入一个算式:");
  scanf("%lf%c%lf",&da1,&ch,&da2);
  switch(ch)
  {
    case '+':an=da1+da2;break;
```

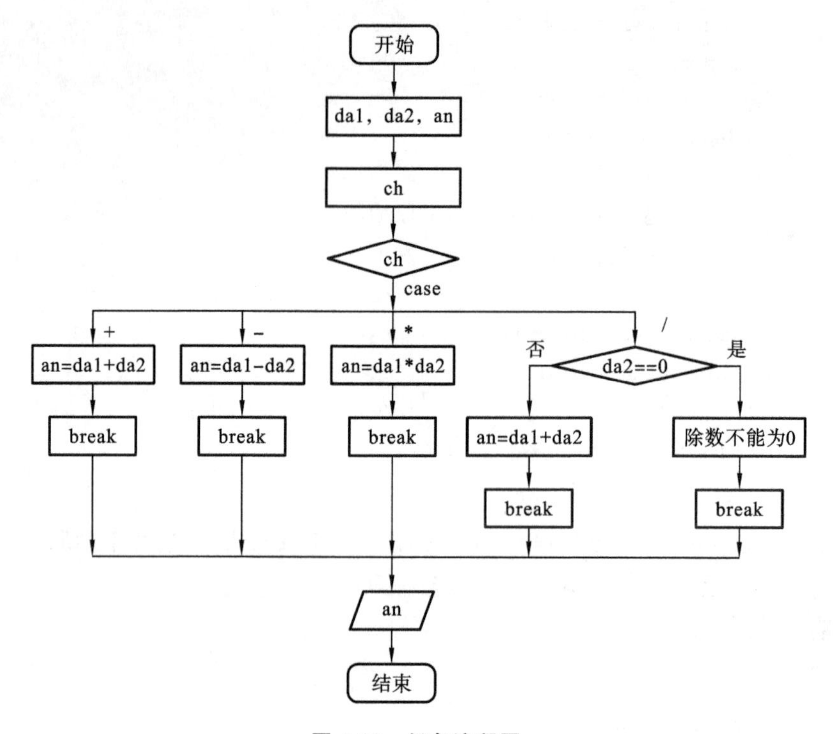

图 4-10　任务流程图

```
    case '-':an=da1-da2;break;
    case '*':an=da1 * da2;break;
    case '/':if(da2==0) printf("除数不能为 0!");
             else an=da1/da2;break;
    default:printf("您输入的不是一个算式!");
  }
  printf("%.2lf%c%.2lf=%.2lf",da1,ch,da2,an);
}
```

知识拓展

选择结构程序应用举例。

例 4.3　任意从键盘输入一个三位整数，要求正确地分离出它的个位、十位和百位数，并分别在屏幕上输出。

(1) 最小的三位数为 100，最大的三位数为 999，输入的整数应在这之间。

(2) 算法设计如图 4-11 所示。

程序编写如下：

```
#include<stdio.h>
```

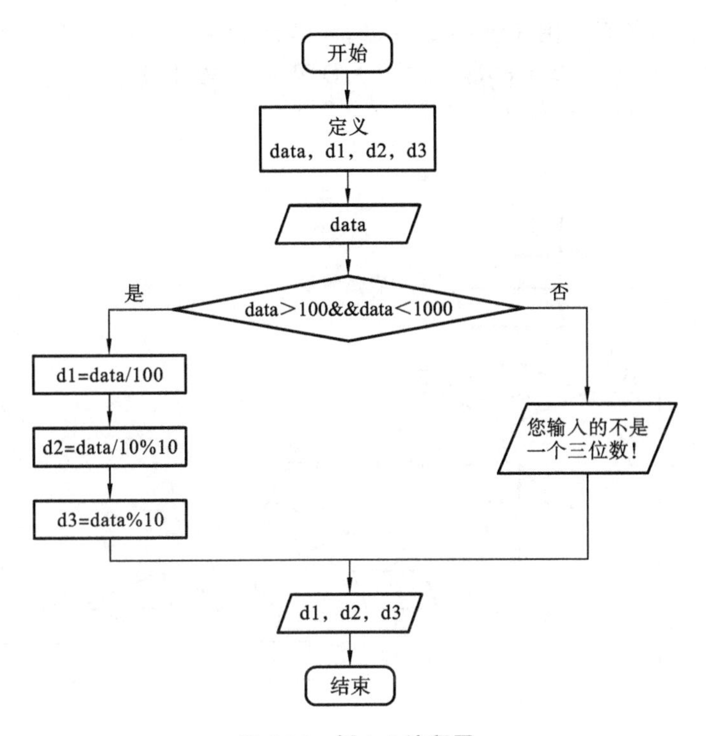

图 4-11　例 4.3 流程图

```
void main()
{
  int data,d1,d2,d3;
  printf("请输入一个三位数:");
  scanf("%d",&data);
  if(data>100 && data<1000)
  {
    d1=data/100;                //分离出百位数
    d2=data/10%10;              //分离出十位数
    d3=data%10;                 //分离出个位数
  }
  else printf("您输入的不是一个三位数!");
  printf("百位:%d 十位:%d 个位:%d",d1,d2,d3);
}
```

例 4.4　输入学生成绩分数，将学生成绩分成 A、B、C、D、E 五个等级。

(1) 题目分析：将百分制的学生成绩划分范围：90 分(包含 90 分)以上为 A 等，80 分(包含 80 分)到 89 分之间为 B 等，70 分(包含 70 分)到 79 分之间为 C 等，60 分(包含 60 分)到 69 分之间为 D 等，低于 60 分的为 E 等。

(2) C语言关系范围表示：sc＞＝90，A等；sc＞＝80＆＆sc＜89，B等；sc＞＝70＆＆sc＜79，C等；sc＞＝60＆＆sc＜69，D等；sc＜60，E等。

(3) 算法设计如图4-12所示。

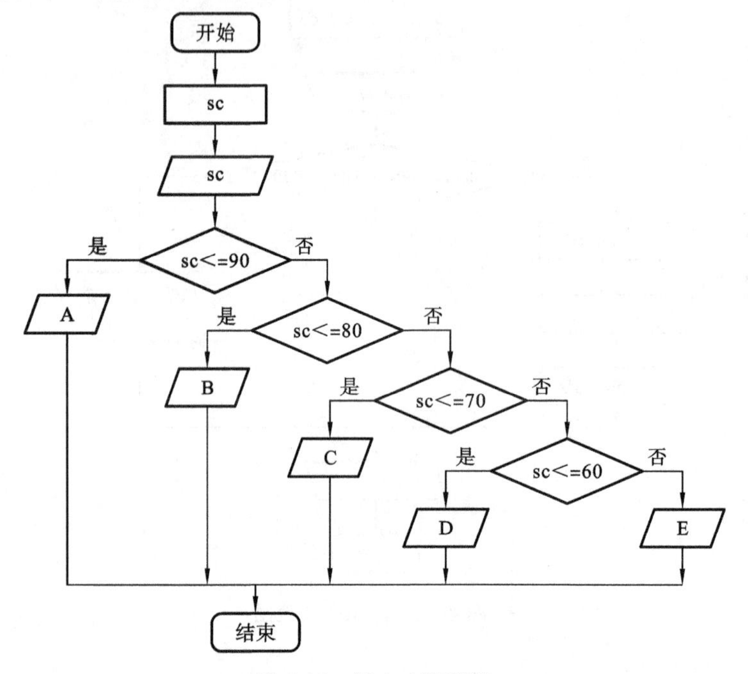

图4-12　例4.4流程图

编写程序如下：

```
#include<stdio.h>
void main()
{
  int sc;
  printf("请输入学生分数:");
  scanf("%d",&sc);
  if(sc>=90)printf("成绩为A等!");
  else if(sc>=80)printf("成绩为B等!");
  else if(sc>=70)printf("成绩为C等!");
  else if(sc>=60)printf("成绩为D等!");
  else printf("成绩为E等!");
}
```

例4.5　已知某公司员工的保底薪水为500元，某月所接工程的利润profit（整数）与利润提成的关系如表4-4所示（计量单位：元）。计算员工的当月薪水。

表 4-4　利润与提成比率

工程利润 profit	提 成 比 率
profit≤1000	没有提成
1000＜profit≤2000	提成 10%
2000＜profit≤5000	提成 15%
5000＜profit≤10000	提成 20%
profit＞10000	提成 25%

(1) 根据题目分析：salary＝500＋profit×ratio

(2) 选择不同的选择语句，算法设计不一样，下面列出了三种方法。

方法一流程图如图 4-13 所示。

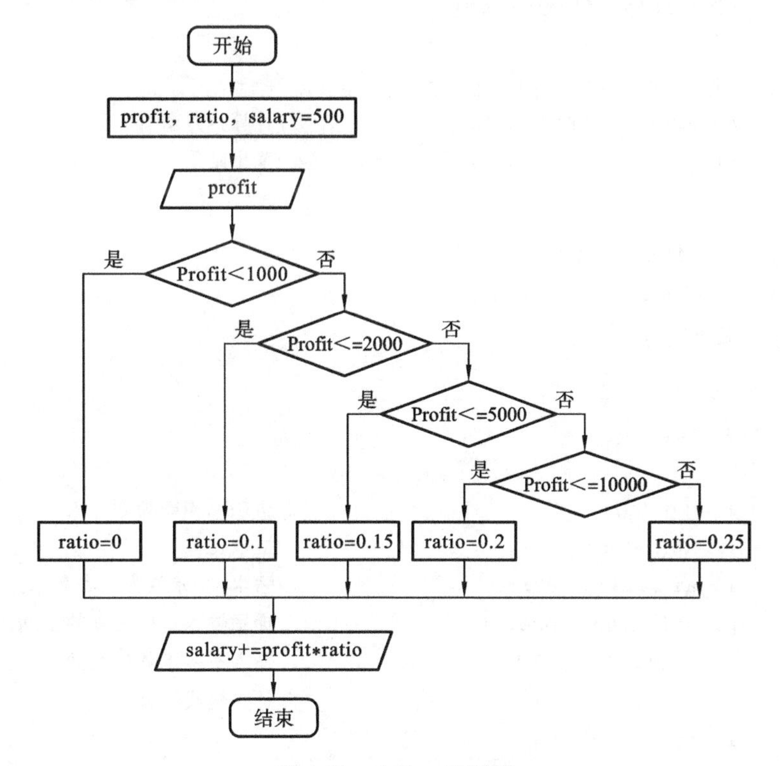

图 4-13　方法一流程图

1) 方法一：使用 if_else if 语句

编写程序如下：

```
#include<stdio.h>
void main()
```

```
{
  long profit;                        //所接工程的利润
  float ratio;                        //提成比率
  float  salary=500;                  //薪水,初始值为保底薪水 500 元
  printf("Input profit: ");           //提示输入所接工程的利润
  scanf("%ld",&profit);               //输入所接工程的利润
  if(profit<=1000)
    ratio=0;
  else if(profit<=2000)
    ratio=(float)0.10;
  else if(profit<=5000)
    ratio=(float)0.15;
  else if(profit<=10000)
    ratio=(float)0.20;
  else  ratio=(float)0.25;
  salary+=profit * ratio;             //计算当月薪水
  printf("salary=%.2f\n",salary);     //输出结果
}
```

2）方法二:使用 if 语句

方法二流程图如图 4-14 所示。

编写程序如下:

```
#include<stdio.h>
void main( )
{
  long profit;                        //所接工程的利润
  float ratio;                        //提成比率
  float salary=500;                   //薪水,初始值为保底薪水 500 元
  printf("Input profit: ");           //提示输入所接工程的利润
  scanf("%ld",&profit);               //输入所接工程的利润
                                      //计算提成比率
  if(profit<=1000)
     ratio=0;
  if(1000<profit && profit<=2000)
     ratio=(float)0.10;
  if(2000<profit && profit<=5000)
     ratio=(float)0.15;
  if(5000<profit && profit<=10000)
```

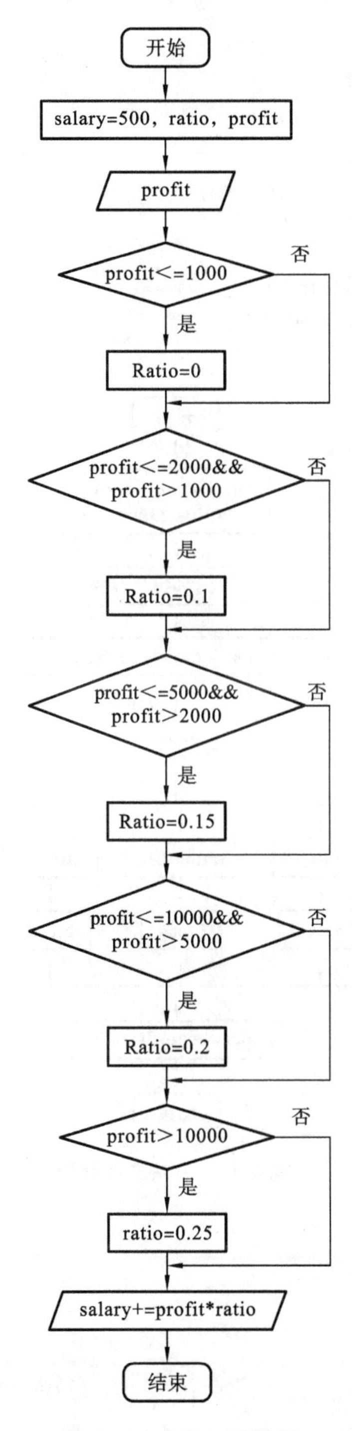
开始
salary=500，ratio，profit
profit
profit<=1000
否
是
Ratio=0
profit<=2000&&
profit>1000
否
是
Ratio=0.1
profit<=5000&&
profit>2000
否
是
Ratio=0.15
profit<=10000&&
profit>5000
否
是
Ratio=0.2
profit>10000
否
是
ratio=0.25
salary+=profit*ratio
结束

图 4-14　方法二流程图

```
    ratio=(float)0.20;
  if(10000<profit)
    ratio=(float)0.25;
  salary+=profit * ratio;                  //计算当月薪水
  printf("salary=%.2f\n",salary);          //输出结果
}
```

3）方法三：使用 switch 语句

方法三流程图如图 4-15 所示。

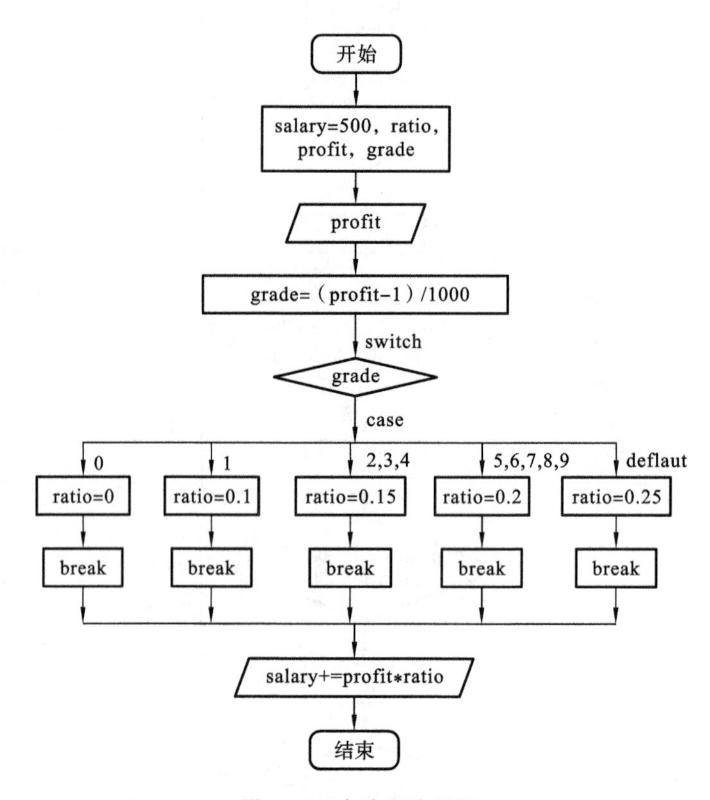

图 4-15　方法三流程图

编写程序如下：

```
#include<stdio.h>
void main( )
{
  long profit;                          //所接工程的利润
  int  grade;
  float ratio;                          //提成比率
```

```
    float salary=500;                   //薪水,初始值为保底薪水 500 元
    printf("Input profit: ");           //提示输入所接工程的利润
    scanf("%ld",&profit);               //输入所接工程的利润
                                        //将利润-1、再整除 1000,转化成
                                        //switch 语句中的 case 标号
    grade=(profit-1)/1000;
    switch( grade )                     //计算提成比率
    {
      case  0:ratio=0;break;            //profit<=1000
      case  1:ratio=(float)0.10;        //1000<profit<=2000
              break;
      case  2:
      case  3:
      case  4:ratio=(float)0.15;        //2000<profit<=5000
              break;
      case  5:
      case  6:
      case  7:
      case  8:
      case  9:ratio=(float)0.20;        //5000<profit<=10000
              break;
      default:ratio=(float)0.25;        //profit>10000
    }
    salary+=profit * ratio;             //计算当月薪水
    printf("salary=%.2f\n",salary);     //输出结果
}
```

项目实施

项目分析

1. 从用户角度分析

输入:无。

输出:如图 4-16 和图 4-17 所示。

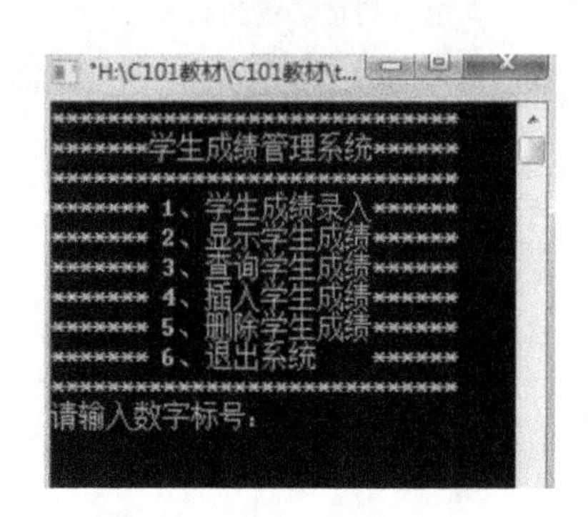

图 4-16 一级界面的选择

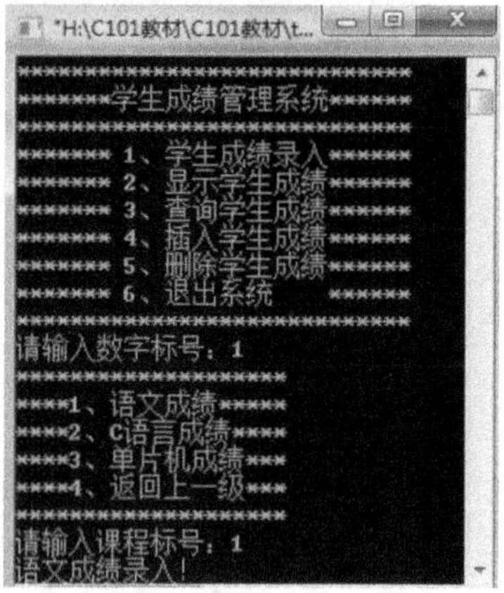

图 4-17 二级界面的设计

2. 从程序员角度分析

算法设计如图 4-18 所示。

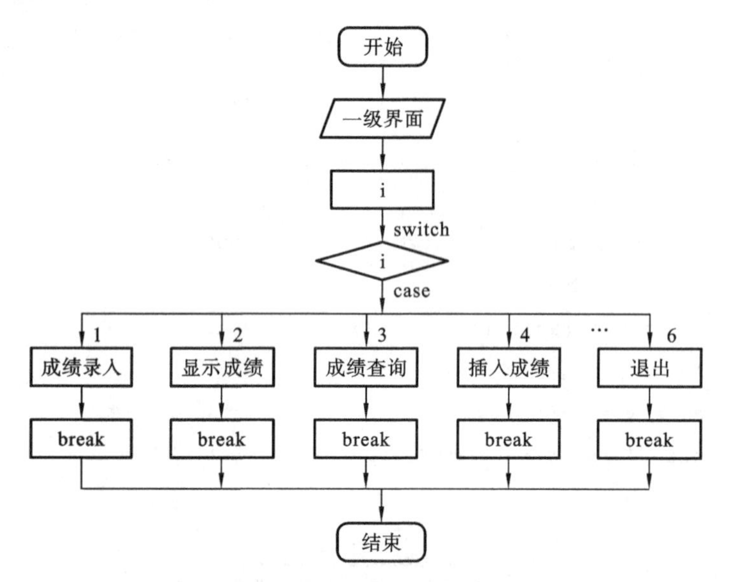

图 4-18 一级界面选择流程图

程序编写

```
#include<stdio.h>
#include<stdlib.h>
void main( )
{
```

```
int i,a1,a3;
do {
   printf("* * * * * * * * * * * * * * * * * * * * * * * * * *\n");
   printf("* * * * * * *学生成绩管理系统* * * * * *\n");
   printf("* * * * * * * * * * * * * * * * * * * * * * * * * *\n");
   printf("* * * * * * * 1、学生成绩录入* * * * * *\n");
   printf("* * * * * * * 2、显示学生成绩* * * * * *\n");
   printf("* * * * * * * 3、查询学生成绩* * * * * *\n");
   printf("* * * * * * * 4、插入学生成绩* * * * * *\n");
   printf("* * * * * * * 5、删除学生成绩* * * * * *\n");
   printf("* * * * * * * 6、退出系统* * * * * *\n");
   printf("* * * * * * * * * * * * * * * * * * * * * * * * * *\n");
   printf("请输入数字标号:");
   scanf("%d",&i);
   switch(i)
   {
    case 1:  do {printf("* * * * * * * * * * * * * * * * * * * * *\n");
                printf("* * * * 1、语文成绩* * * * *\n");
                printf("* * * * 2、C 语言成绩* * * *\n");
                printf("* * * * 3、单片机成绩* * *\n");
                printf("* * * * 4、返回上一级* * *\n");
                printf("* * * * * * * * * * * * * * * * * * * * *\n");
                printf("请输入课程标号:");
                scanf("%d",&a1);
                switch(a1)
                {
                  case 1: printf("语文成绩录入!\n");break;
                  case 2: printf("C 语言成绩录入!\n");break;
                  case 3:printf("单片机成绩录入!\n");break;
                  case 4:break;
                  default:printf("课程标号输错,请输入 1～3 的课程
                  标号!\n");
                }
             }while(a1!=4);
             break;
    case 2:printf("学号  语文  C语言  单片机\n");
           break;
    case 3:printf("请输入学生学号:");
```

```
                scanf("%d",&a3);
                printf("学号  语文  C语言  单片机\n");
                break;
            case 4:printf("插入成绩!\n");break;
            case 5:printf("删除成绩!\n");break;
            case 6:exit(0);
           }
         }while(1);
    }
```

知识小结

(1) if 语句有三种基本结构：if，if_else，if_else_if。

(2) if 语句后的表达式可以是任意表达式。

(3) 在 C 语言中，主要用 if 语句实现选择结构，用 switch 语句实现多分支选择结构。

(4) 在 if 语句的三种形式中，所有的语句应为单个语句，如果要想在满足条件时执行一组(多个)语句，则必须把这一组语句用{ }括起来组成一个复合语句。但要注意的是在}之后不能再加分号。

(5) 在 if 语句中，如果表达式是判断两个数是否相等的关系表达式，则要当心不要将==写成了赋值运算符=。

(6) 条件运算符是 C 语言程序中唯一的一个三目运算符，功能相当于条件语句，但不能取代一般 if 语句。

(7) 在所学的运算符中，自增自减运算符具有最高优先级，其次是算术运算符、关系运算符、逻辑运算符、赋值运算符，逗号运算符的优先级最低。

(8) 一个关系表达式或逻辑表达式的值不是 0 就是 1。C 语言规定 0 表示假，非 0 表示真。

(9) 当求解逻辑表达式时，并非执行所有的逻辑运算符，当必须执行下一个逻辑运算符才能求出表达式的解时，才执行该运算符。

(10) C 语言规定，在缺省{ }时，else 总是和它上面离它最近的未配对的 if 配对。

(11) switch 语句的使用方法：① switch 后面的“表达式”，可以是 int、char 和枚举型中的一种，但不可为浮点型；② case 后面语句(组)可加{ }也可不加{ }，但一般不加{ }；③ 每个 case 后面“常量表达式”的值，必须各不相同，否则会出现相互矛盾的现象；④ 每个 case 后面必须是“常量表达式”，表达式中不能包含变量；

⑤ case后面的“常量表达式”仅起语句标号作用，并不进行条件判断。系统一旦找到入口标号，就从此标号开始执行，不再进行标号判断，所以必须加上 break 语句，以便结束 switch 语句。

习 题 四

一、填空题

1. C 语言中用________表示逻辑值“真”，用________表示逻辑值“假”。

2. C 语言中的关系运算符按优先级别是________、________。

3. C 语言中的逻辑运算符按优先级别是________、________、________。

4. C 语言中的关系运算符和逻辑运算符的优先级别是________、________、________、________、________。

5. C 语言中逻辑运算符________的优先级高于算术运算符。

6. 请写出以下程序的输出结果________。

```
main()
  { int a=100;
    if(a>100) printf("%d\n",a>100);
    else      printf("%d\n",a<=100);
  }
```

7. 定义“int x,y;”执行“y＝(x＝1,＋＋x,x＋2);”后，y 的值是________。

8. 定义“int x＝10,y,z;”执行“y＝z＝x;x＝y＝＝z;”后，x 的结果是________。

9. 定义“int a＝1,b＝2,c,d,e;”执行以下语句：

c＝(－a＋＋)＋(＋＋b);

d＝(b－－)＋(＋＋a)－a;

e＝(a/(＋＋b))－(a/(－－a));

请问 a、b、c、d、e 的结果分别是________、________、________、________、________。

10. 定义“int a＝2,b＝3,c,d,e,f;”执行以下语句：

c＝(a＋＋＞＝－－b);

d＝(a＝＝＋＋b);

e＝(a－－！＝b);

f＝(＋＋a＞b－－);

请问 a、b、c、d、e、f 的结果分别是________、________、________、________、________、________。

11. 若已正确定义变量，以下语句段的输出结果是________。

```
x=0,y=2,z=3;
switch(x)
{ case 0: switch(y=2)
          { case 1: printf("*");break;
            case 2: printf("%");break;
          }
  case 1: switch(z)
          { case 1: printf("$ ");
            case 2: printf("*");break;
            default: printf("#");
          }
}
```

二、选择题

1. 下列运算符中优先级最高的运算符是________。

A. ！　　B. ％　　C. －＝　　D. &&

2. 下列运算符中优先级最低的运算符是________。

A. ||　　B. ！＝　　C. <＝　　D. ＋

3. 为表示关系 x≥y≥z，应使用的 C 语言表达式是________。

A. (x>=y)&&(y>=z)　　B. (x>=y)AND (y>=z)

C. (x>=y>=z)　　D. (x>=y)&(y>=z)

4. 若设 a、b 和 c 都是 int 型变量，且 a=3，b=4，c=5；则以下的表达式中，值为 0 的表达式是________。

A. a&&b　　B. a<=b

C. a||b+c&&b-c　　D. !((a<b)&&!c||1)

5. 以下程序的输出结果是________。

```
void main()
{ int a=2,b=-1,c=2;
  if(a<b)
    if(b<0) c=0;
    else c+=1;
  printf("%d\n",c);
}
```

A. 0　　B. 1　　C. 2　　D. 3

6. 以下程序的输出结果是________。

```
void main( )
{ int w=4,x=3,y=2,z=1;
  printf("%d\n",(w<x?w:z<y?z:x));
}
```

A. 1　　B. 2　　C. 3　　D. 4

7. 若希望当 A 的值为奇数时，表达式的值为"真"，当 A 的值为偶数时，表达式的值为"假"，则以下不能满足要求的表达式是________。

A. A%2==1　　B. !(A%2==0)

C. !(A%2)　　D. A%2

8. 定义"int a=1,b=2,c=3,d=4,m=2,n=2;"执行"(m=a>b)&&(n=c>d)"后，n 的值为________。

A. 1　　B. 2　　C. 3　　D. 4

9. 若执行以下程序时从键盘上输入 3 和 4，则输出结果是________。

```
void main( )
{ int a,b,s;
  scanf("%d%d",&a,&b);
  s=a;
  if(a<b) s=b;
  s*=s;
  printf("%d\n",s);
}
```

A. 14　　B. 16　　C. 18　　D. 20

10. 下面的程序段所表示的数学函数关系是________。

```
int y=-1;
if( x!=0)
  { if(x>0) y=1;}
else y=0;
```

A. $y=\begin{cases}-1(x<0)\\0(x=0)\\1(x>0)\end{cases}$　　B. $y=\begin{cases}1(x<0)\\-1(x=0)\\0(x>0)\end{cases}$

C. $y=\begin{cases}0(x<0)\\-1(x=0)\\1(x>0)\end{cases}$　　D. $y=\begin{cases}-1(x<0)\\1(x=0)\\0(x>0)\end{cases}$

11. 运行以下程序后，输出结果是________。

```
void main( )
{ int k=-3;
  if(k<=0) printf("####\n");
  else printf("&&&&\n");
}
```

A. ＃＃＃＃　　　　　　　　B. &&&&

C. ＃＃＃＃&&&&　　　　　　D. 有语法错误不能通过编译

12. 若a和b均是正整数型变量，以下正确的switch语句是________。

A.
```
switch( pow(a,2)+ pow(b,2))        //注:pow为调用求幂的数学函数
{ case 1: case 3: y=a+b;break;
  case 0: case 5: y=a-b;
}
```

B.
```
switch(a * a+b * b);
{ case 3:
  case 1: y=a+b;break;
  case 0: y=b-a;break;
}
```

C.
```
switch a
{ default: x=a+b;
  case 10: y=a-b;break;
  case 11: y=a * d;break;
}
```

D.
```
switch(a+b)
{ case10: x=a+b;break;
  case11: y=a-b;break;
}
```

三、编程题

1. 编程实现：输入整数a和b，若a+b大于100，则输出a+b百位以上的数字，否则输出两数之和。

2. 编程判断：输入的正整数是否既是5又是7的整倍数，若是，则输出yes；否则，输出no。

3. 有一函数：

$$y=\begin{cases}-1 & (x<0)\\ 0 & (x=0)\\ 1 & (x>0)\end{cases}$$

用switch语句编写一程序，要求输入x的值，输出y的值。

4. 编写程序，输入一位学生的生日（年：y0、月：m0、日：d0），并输入当前的日期（年：y1、月：m1、日：d1），输出该学生的实际年龄。

5. 编写程序，输入一个整数，求它是奇数还是偶数。

6. 编写程序，输入 a、b 、c 三个数，打印出最大者。

7. 有一函数：

$$y=\begin{cases} x & (-5<x<0) \\ x-1 & (x=0) \\ x+1 & (0<x<10) \end{cases}$$

编写一程序，要求输入 x 的值，输出 y 的值，分别用不嵌套的 if 语句、嵌套的 if 语句、if_else 语句、switch 语句进行编写。

项目五

学生成绩管理系统的成绩录入

本项目主要讲解C语言程序语句的三种循环控制语句，即while、do_while、for三种循环的使用方法、三种循环的嵌套、三种循环的比较，并给出了循环语句中的两种控制语句break、continue的使用方法。最后对本项目的项目实施进行讲解。

项目重点、难点

(1) while、do_while、for循环的使用方法。

(2) 三种循环的嵌套。

(3) break、continue语句的使用方法。

任务一　求1加到100的和

任务描述

1. 任务理解

(1) 常规方法：直接计算1+2+3+…+100表达式冗长且编辑时间长，没有利用计算机处理问题的方法，浪费了CPU高速计算的功能。

(2) 计算机处理问题的方法：1,2,3,…,100为等差数列，每个数据间相差为1,可设计一个变量i,使i的值从1每次自增1并将其加到求和变量sum中，直到i重复循环到100结束。

2. 任务知识点

C语言循环语句包含以下三种：

(1) while循环；

(2) do_while循环；

(3) for循环。

基本知识

1. while 循环

(1) while 循环的一般形式：

while (表达式)

  循环体语句；

(2) while 循环的特点：先判断表达式，再执行循环体。

(3) while 循环的执行过程如图 5-1 所示。

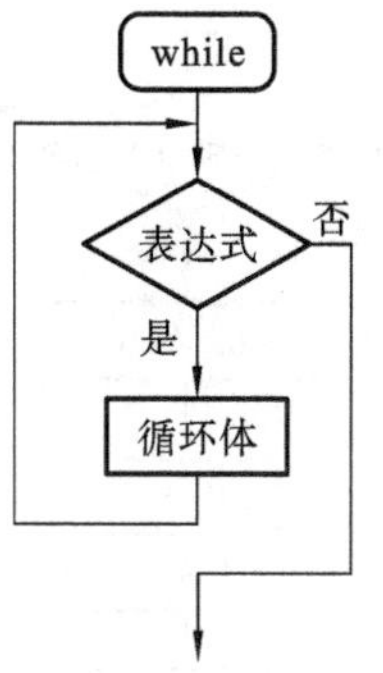

先判断表达式是否为真，若为真，则执行循环体；若为假，则跳出循环体。

图 5-1 while 循环执行过程

(4) while 循环的说明。

① while 后面的括号( )不能省；

② while 后面的表达式可以是任意类型的表达式，但一般是条件表达式或逻辑表达式；

③ 表达式的值是循环的控制条件；

④ 语句部分称为循环体，当需要执行多条语句时，应使用复合语句。

例 5.1 用 while 语句求 1～100 的累计和。

```
#include<stdio.h>
void main()
{
  int i=1,sum=0;              //i=1 为循环初值
  while(i<=100)               //i<=100 为循环条件,100 为循环终值
  {                           //while 后的复合语句组{}为循环体
      sum=sum+i;
      i++;                    //i++循环控制量
  }
  printf("sum=%d\n",sum);
}
```

循环由五个部分组成，分别为循环初值、循环条件、循环终值、循环控制量、循环体。循环的五个部分缺一不可，缺少其中一个可能会造成结果不正确，或死循环。

例 5.2 计算 10！=10×9×8×7×6×5×4×3×2×1。

算法设计如图 5-2 所示。

编写程序如下：

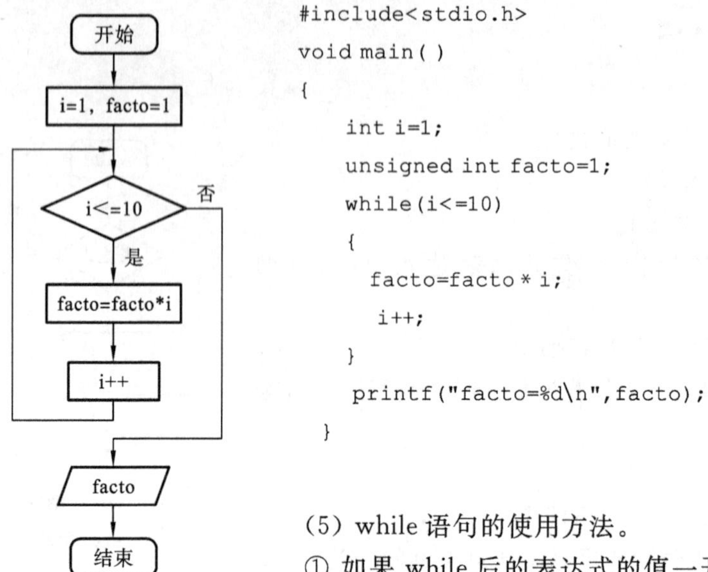


```
#include<stdio.h>
void main( )
{
    int i=1;
    unsigned int facto=1;
    while(i<=10)
    {
      facto=facto * i;
       i++;
    }
     printf("facto=%d\n",facto);
  }
```

图 5-2　例 5.2 流程图

(5) while 语句的使用方法。

① 如果 while 后的表达式的值一开始就为假，则循环体将一次也不执行。

```
int a=0,b=0;
while(a>0)      //a>0 为假,b++不可能执行
    b++;
```

② 循环体中的语句可为任意类型的 C 语句。

③ 在执行 while 语句之前，循环控制变量必须初始化，否则执行的结果将是不可预知的。

例如，计算 10! 的程序如下所示。

```
#include<stdio.h>
void main( )
{
  int i;                           //i 应赋初始值 10
  long s=1;
  while(i>=1)
    s * =i--;
  printf("10!=%ld\n",s);
}
```

循环初值省略，系统会随机给 i 一个值，其输出结果将不可预知。

④ 要在 while 语句的某处(表达式或循环体内)改变循环控制变量，否则极易构成死循环。

```
#include<stdio.h>
void main()
{
  i=1;
  while(i<100)              //死循环,循环体内 i 的值没变化,永远小于 100
    sum+=i;
  printf("sum=%d\n",sum);
}
```

⑤ 循环体可以是空语句。

2. do_while 循环

(1) 一般形式:

do

  循环体语句;

while(表达式);

(2) 特点:先执行循环体,再判断表达式。

(3) 执行过程如图 5-3 所示。

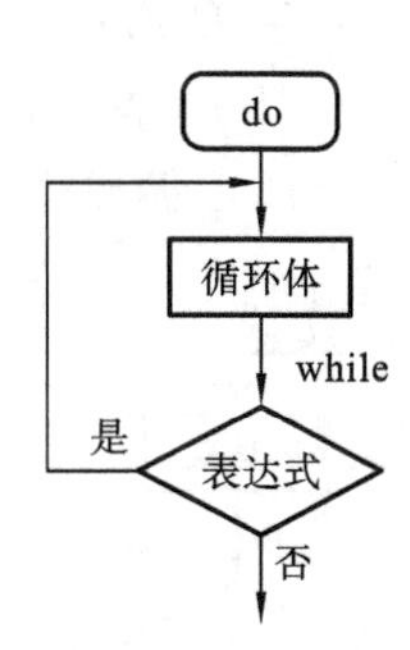

图 5-3 do_while **执行过程**

从 do 开始,先执行循环体,再判断表达式,若表达式的值为真,继续回来再执行循环体,直到表达式的值为假,跳出循环。

例 5.3 用 do_while 语句求 1~100 的累计和。

编写程序如下:

```
#include<stdio.h>
void main()
{
  int i=1,sum=0;            //i=1 循环初值
  do
  {                         //do 后的复合语句组{}为循环体
    sum+=i;
    i++;                    //循环控制增量 i++
  }while(i<=100);           //循环条件 i<=100,循环终值 100
  printf("sum=%d\n",sum);
}
```

(4) do_while 语句说明。

① 如果 do_while 后表达式的值一开始就为假,则循环体只执行一次。

② 在 if 语句、while 语句中,表达式后面都不能加分号,而在 do_while 语句的表达式后面必须加分号,否则将产生语法错误。

③ 循环体中的语句可为任意类型的 C 语句。

④ 和 while 语句一样，在使用 do_while 语句时，不要忘记初始化循环控制变量，否则执行的结果将是不可预知的。

⑤ 要在 do_while 语句的某处（表达式或循环体内）改变循环控制变量的值，否则极易构成死循环。

⑥ 循环体可以是空语句。

3. for 循环

(1) 一般形式：

for (表达式 1;表达式 2;表达式 3)
    循环体语句;

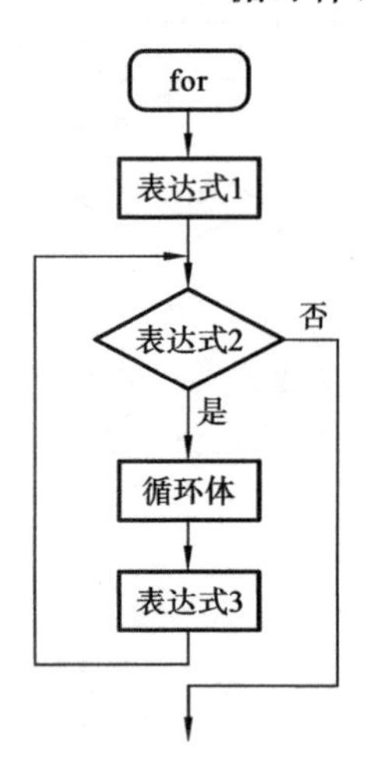

图 5-4　for 循环执行过程

(2) for 循环说明：

① for 后面的括号( )不能省。

② 表达式 1:一般为赋值表达式，给控制变量赋初值。

③ 表达式 2:关系表达式或逻辑表达式，循环控制条件。

④ 表达式 3:一般为赋值表达式，给控制变量增量或减量。

⑤ 表达式之间用分号分隔。

⑥ 语句部分称为循环体，当需要执行多条语句时，应使用复合语句。

(3) for 循环执行过程如图 5-4 所示。

先执行表达式 1，然后判断表达式 2，若表达式 2 为真，则执行循环体。在执行完循环体之后，再执行表达式 3，然后再判断表达式 2，若表达式 2 为真，继续执行循环体，反复循环，直到表达式 2 为假，跳出循环。

(4) for 语句很好地表达了循环结构的五个组成部分。

① 控制变量的初始化：表达式 1。

② 循环的条件：表达式 2。

③ 控制变量的终值：表达式 2。

④ 循环控制变量的增量或减量：表达式 3。

⑤ 循环体：循环体语句。

例 5.4　用 for 语句求 1～100 的累计和。

```
#include<stdio.h>
void main()
{
  int i,sum=0;
```

```
  for(i=1;i<=100;i++)
    sum+=i;
  printf("sum=%d\n",sum);
}
```

例 5.5 用 for 语句计算 10！=10×9×8×7×6×5×4×3×2×1。

```
#include<stdio.h>
void main( )
{
  int i;
  long facto=1;
  for(i=1;i<=10;i++)
    facto=facto * i;
  printf("facto=%d\n",facto);
}
```

(5) for 语句的使用方法。

① 表达式 1、表达式 2 和表达式 3 可以是任何类型的表达式,则这三个表达式都可以是逗号表达式,即每个表达式都可由多个表达式组成。

例 5.6 计算 1×2+3×4+5×6+…+99×100。

要计算的表达式为算术表式,根据运算符的优先级,先计算完所有的乘法,最后将所有的积相加求和,要使用求和公式:sum=sum+i。

表达式求积的两个乘数有一定的规律,前面的乘数 1、3、5、…、99 为奇数,后面的乘数 2、4、6、…、100 为偶数。可将求和公式的 i 变化为 i=n * m,n 为奇数,m 为偶数。

算法流程图如图 5-5 所示。

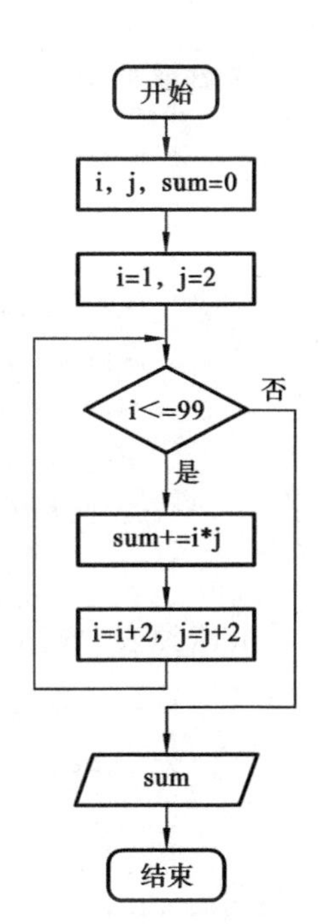

图 5-5 例子流程图

编写程序如下:

```
#include<stdio.h>
void main( )
{
  int i,j;
  long sum=0;
  for(i=1,j=2;i<=99;i=i+2,j=j+2)
    sum+=i*j;
  printf("sum=%ld\n",sum);
```

```
}
```

② 表达式 1、表达式 2 和表达式 3 都是任选项，可以省掉其中的一个、两个或全部，但其用于间隔的分号一个也不能省。

省略掉表达式 1、表达式 2 和表达式 3 的程序如下：

```
#include<stdio.h>
void main( )
{ int i=1,sum=0;
  for(;;)
  {
    if(i>100)  break;
      sum+=i++;
  }
  printf("sum=%d\n",sum);
}
```

省略掉表达式 1 和表达式 3 的程序如下：

```
#include<stdio.h>
void main( )
{
  int t,sum=0;
  i=1;
  for(;i<=100;)
    sum+=i++;
  printf("sum=%d\n",sum);
}
```

省略掉表达式 1 的程序如下：

```
#include<stdio.h>
void main( )
{
  int t,sum=0;
  i=1;
  for(;i<=100;i++)
    sum+=i;
  printf("sum=%d\n",sum);
}
```

在 for 循环括号内省略掉表达式 1，必须在 for 循环之前给出表达式 1；在 for

循环括号内省略掉表达式3,必须在for循环体内给出表达式3;在for循环括号内省掉表达式2,必须在for循环体内通过if语句和break语句跳出循环。

③ 若表达式2如果为空,则相当于表达式2的值永远是真,使程序陷入死循环。

```
for(a=1;;a++)
  printf("&d\n",a);    //死循环!
```

④ 循环体中的语句可为任意类型的C语句。

⑤ 循环体可以是空语句。

4. 三种循环的选择

(1) 如果循环次数在执行循环体之前就已确定,则一般选用for循环;如果循环次数是由循环体的执行情况确定的,则一般选用while循环或do_while循环。

(2) 当循环体至少执行一次时,用do_while循环,反之,如果循环体可能一次也不执行,则选用while循环。

(3) 其实这三种循环结构彼此之间可以相互转换,前面我们分别用while循环、do_while循环、for循环来求1~100的累计和的例子就说明了这一点。

任务分析

1. 从用户角度分析

输入:无。

输出:5050。

2. 从程序员角度分析

算法设计如图5-6所示。

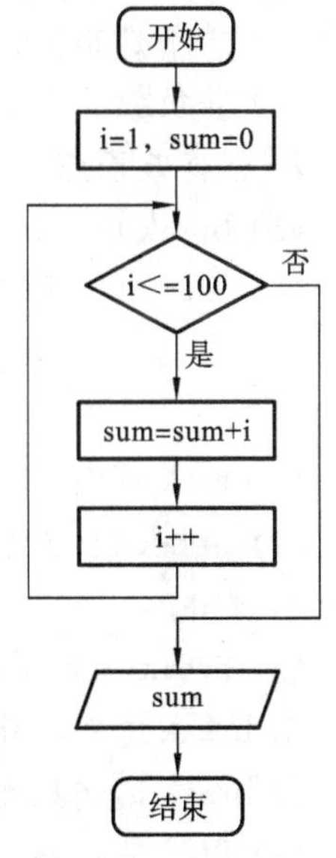

图5-6　任务流程图

程序编写

```
#include<stdio.h>
void main()
{
  int i=1,sum=0;
  while(i<=100)
  {
    sum+=i;
    i++;
```

```
    }
    printf("sum=%d",sum);
}
```

任务二　统计非负数的个数及计算非负数之和

任务描述

1. 任务理解

(1) 用户输入 10 个任意整数。

(2) 若不是非负数则跳过。

(3) 非负数的识别。

2. 任务知识点

(1) break 语句。

(2) continue 语句。

基本知识

1. break 语句

(1) break 语句功能：在循环语句和 switch 语句中，终止并跳出循环体或 switch 语句。

(2) break 语句说明如下：

① break 语句不能用于循环语句和 switch 语句之外的其他任何语句之中；

② break 语句只能终止并跳出最近一层的结构。

(3) 以下是 break 语句在三种循环中的使用方法，在循环体中，若执行 break 语句，则将跳出最近一层的循环后的语句。

① while 语句

```
while (表达式 1)
{
    …
    if(表达式 2)
        break;
    …
}
```

跳出执行语句……

② do_while 语句

```
do
{
  …
  if(表达式 2)
    break;
  …
} while(表达式 1);
```

跳出执行语句……

③ for 语句

```
for(;表达式 1;)
{
  …
  if(表达式 2)
    break;
  …
}
```

跳出执行语句……

例 5.7 将用户输入的小写字母转换成大写字母,直到输入非小写字母字符。

小写字母 a 的 ASCII 值为 97,大写字母 A 的 ASCII 值为 65 则小写字母与大写字母 ASCII 值相差 32,有

$$大写字母=小字字母-32$$

算法流程图如图 5-7 所示。

编写程序如下:

```
#include <stdio.h>
void main()
{
  char c;
  while(1)
  {
    scanf("%c",&c);
    if(c>='a'&& c<='z')      //是小写字母
      printf("%c",c-32);  //输出其大写字母
    else                  //不是小写字母
      break;              //循环退出
  }
}
```

2. continue 语句

(1) continue 语句的功能：结束本次循环，跳过循环体中尚未执行的语句，进行下一次是否执行循环体的判断。

(2) continue 语句使用说明：

① 仅用于循环语句中；

② 在嵌套循环中，continue 语句只对包含它的最内层的循环体语句起作用。

例 5.8 求 20 以内的奇数之和。

能被 2 整除的数为偶数，不能被 2 整除的数为奇数，则有表达式：

i%2==0　　//i 为偶数

i%2!=0　　//i 为奇数

考虑 continue 语句可得如图 5-8 所示流程图。

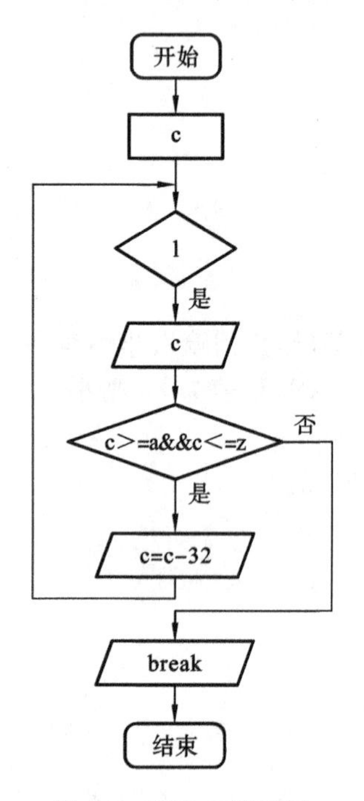

图 5-7 例 5.7 流程图

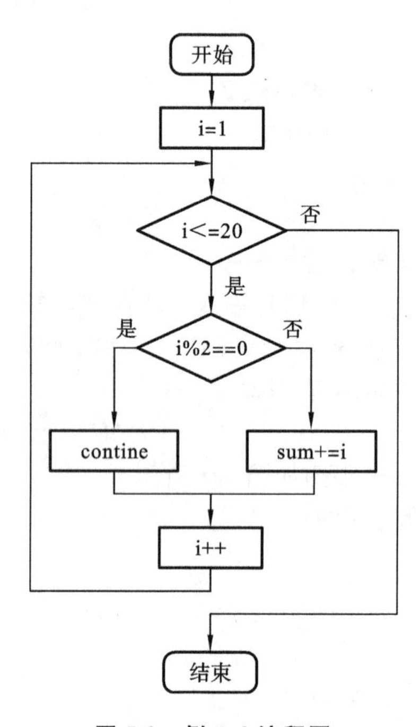

图 5-8 例 5.8 流程图

编写程序如下：

```
#include<stdio.h>
void main()
{
  int i,sum=0;
  for(i=1;i<20;i++)
  {
```

```
    if(i%2==0)continue;
      sum+=i;
  }
printf("奇数和为:%d\n",sum);
}
```

输出结果：

奇数和为:100

任务分析

1. 从用户角度分析

输入:12、35、－45、6、－8、95、－4、－56、62、－85。

输出:非负数个数为 5,平均数为 42。

2. 从程序员角度分析

算法分析如图 5-9 所示。

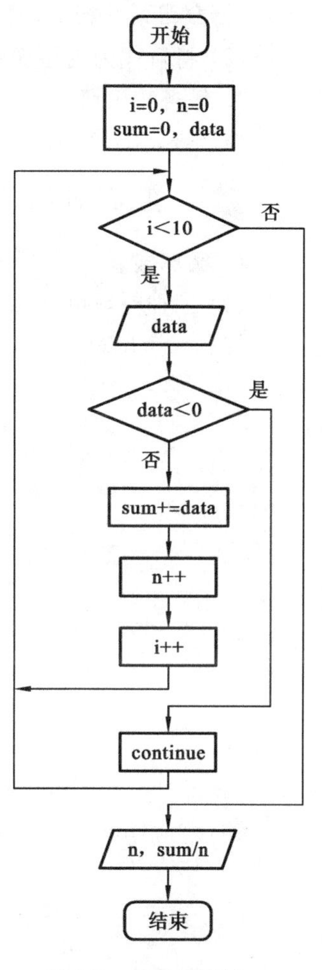

图 5-9　任务流程图

程序编写

```
#include<stdio.h>
void main()
{
  int i,n=0,sum=0,data;   //n表示非负数个数
                          //data为输入的整数
  for(i=0;i<10;i++)
  {
    scanf("%d",&data);
    if(data<0) continue;
    sum+=data;
    n++;
  }
  printf("非负数个数为%d,平均数为%d\n",n,sum/n);
}
```

任务三　输出九九乘法表

任务描述

1. 任务理解

(1) 根据九九乘法表可得,第 1 行 1 个列式,第 2 行 2 个列式,…,第 9 行 9 个

列式，行数跟列数相等；第1列9个行式，第2列8个行式，…，第9列1个行式。

(2) 将行作为内层循环，列作为外层循环。

2. 任务知识点

循环嵌套的使用方法。

基本知识

1. 循环嵌套

(1) 三种循环可互相嵌套，层数不限。

①
```
while()
  { …
      while()
      { …
      }
    …
  }
```
②
```
do { …
     do { …
        } while();
     …
   } while();
```
③
```
while()
  { …
       for(;;)
    { …
    };
    …
  }
```
(2) 外层循环可包含两个以上内循环，但不能相互交叉。

(3) 嵌套循环的跳转禁止：

① 从外层跳入内层；

② 跳入同层的另一循环；

③ 向上跳转。

任务分析

1. 从用户角度分析

输入：无。

输出：

```
1 * 1=1
1 * 2=2 2 * 2=4
1 * 3=3 2 * 3=6  3 * 3=9
1 * 4=4 2 * 4=8  3 * 4=12 4 * 4=16
1 * 5=5 2 * 5=10 3 * 5=15 4 * 5=20 5 * 5=25
1 * 6=6 2 * 6=12 3 * 6=18 4 * 6=24 5 * 6=30 6 * 6=36
1 * 7=7 2 * 7=14 3 * 7=21 4 * 7=28 5 * 7=35 6 * 7=42 7 * 7=49
1 * 8=8 2 * 8=16  3 * 8=24  4 * 8=32 5 * 8=40  6 * 8=48  7 * 8=56 8 * 8=64
1 * 9=9 2 * 9=18 3 * 9=27  4 * 9=36 5 * 9=45 6 * 9=54 7 * 9=63 8 * 9=72 9 * 9=81
```

2. 从程序员角度分析

算法设计如图 5-10 所示。

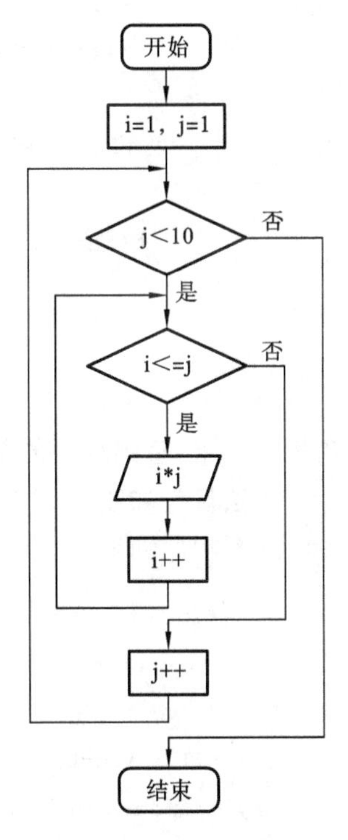

图 5-10　任务流程图

程序编写

```
#include<stdio.h>
void main()
{
  int i,j;
  for(j=1;j<10;j++)
  {
    for(i=1;i<=j;i++)
    {
      printf("%d * %d=%d  ",i,j,i * j);
    }
    printf("\n");
  }
}
```

知识拓展

循环程序应用举例。

例 5.9　求 50 到 100 间的全部素数。

(1) 素数是除了 1 和它本身以外不能被其他数整除的数。

(2) 若数为 50,可以用 50 去除以 2 到 $\sqrt{50}$之间的数,其中只要有一个能被整除,就表示 50 不是素数。将 50 换成变量 n,则是 2 到$\sqrt{n}$之间的数。

(3) 50 到 100 之间,循环的初值为 50,循环的终值为 100。

算法设计如图 5-11 所示。

编写程序如下：

```
#include<stdio.h>
#include<math.h>
void main()
{
  int n,i,k;
  for(n=50;n<=100;n++)
  {
    k=sqrt(n);
    for(i=2;i<=k;i++)
    {
      if(n%i==0)break;
    }
    if(i>=k+1)printf("%d ",n);
  }
}
```

例 5.10　每个苹果 0.8 元，第一天买 2 个苹果，从第二天开始，每天买前一天数量的 2 倍，直到购买的苹果数小于 100。编写程序求每天平均花多少钱？

算法设计如图 5-12 所示。

编写程序如下：

```
#include<stdio.h>
void main()
{
  int i,d=0;
  float avre=0,sum=0;    //sum 为累计钱数
  for(i=2;i<100;i=i * 2)
  {
    sum=sum+i * 0.8;
    d++;                 //d 为购买天数
  }
  avre=sum/d;
  printf("%f",sum);
}
```

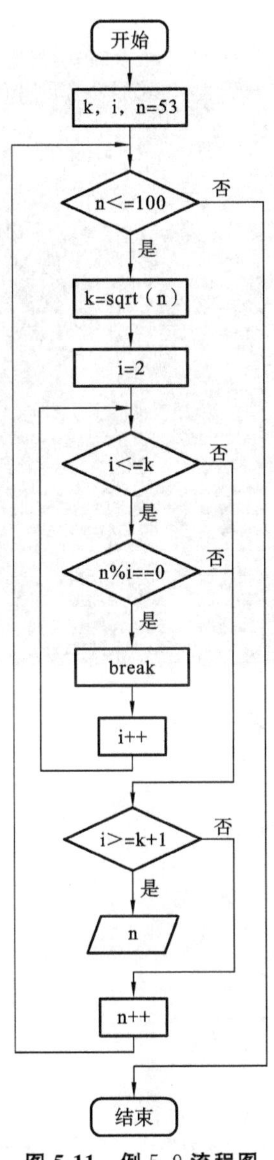

图 5-11　例 5.9 流程图

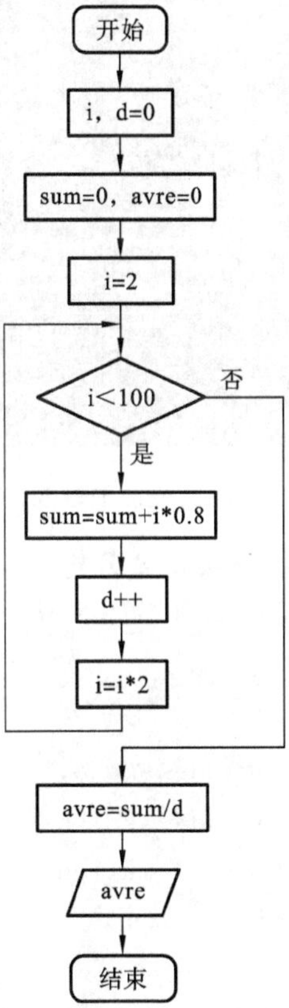

图 5-12　例 5.10 流程序图

项目实施

项目分析

1. 从用户角度分析

输入、输出如图 5-13 和图 5-14 所示。

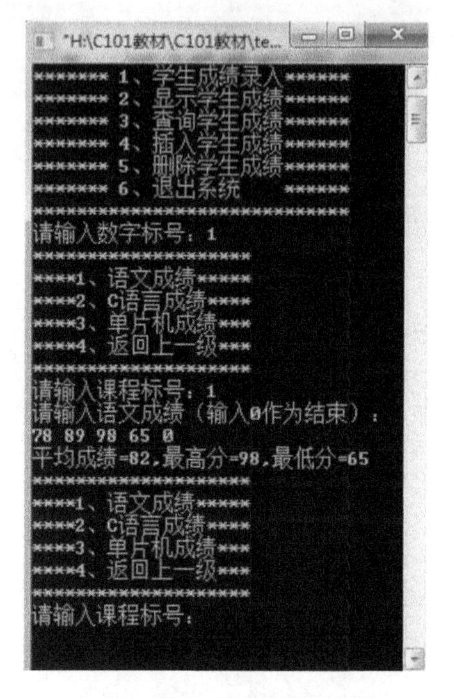

图 5-13　语文成绩的输入、输出

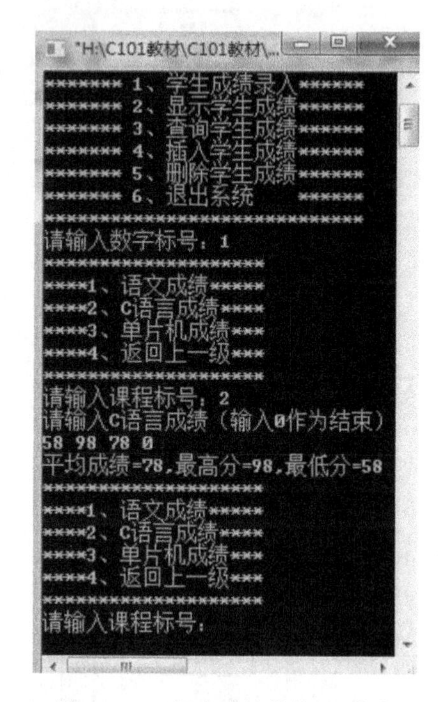

图 5-14　C 语言成绩的输入、输出

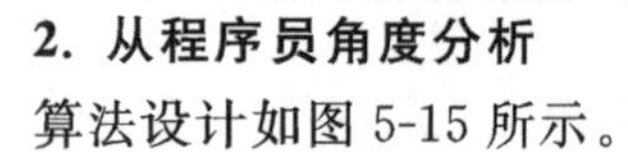

2. 从程序员角度分析

算法设计如图 5-15 所示。

程序编写

```
#include<stdio.h>
#include<stdlib.h>
#include<malloc.h>
void main( )
{
  int i,a1,a3,a11,a12,a13;  //a11、a12、a13为输入三门课程的变量
  int sum1=0,max1=0,min1=100,sum2=0,max2=0,min2=100,t;
                                //t为统计课程成绩人数
  int sum3=0,max3=0,min3=100;
                                //sum、max、min为各门课程总和、最高分、最低分
  do {
       printf("****************************\n");
       printf("*******学生成绩管理系统******\n");
       printf("****************************\n");
```

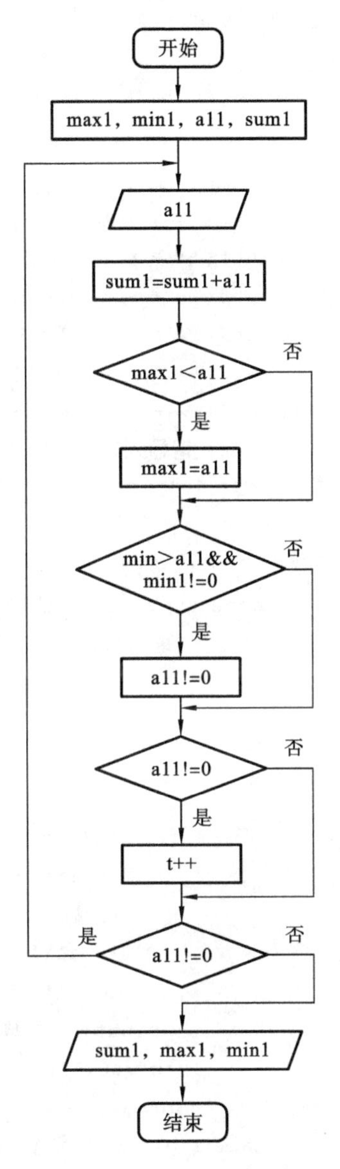

图 5-15　成绩录入流程图

```
printf("* * * * * * * 1、学生成绩录入* * * * * *\n");
printf("* * * * * * * 2、显示学生成绩* * * * * *\n");
printf("* * * * * * * 3、查询学生成绩* * * * * *\n");
printf("* * * * * * * 4、插入学生成绩* * * * * *\n");
printf("* * * * * * * 5、删除学生成绩* * * * * *\n");
printf("* * * * * * * 6、退出系统* * * * * *\n");
printf("* * * * * * * * * * * * * * * * * * * * * * * * *\n");
```

```
printf("请输入数字标号:");
scanf("%d",&i);
switch(i)
{
  case 1:do {
          printf("* * * * * * * * * * * * * * * * * * *\n");
          printf("* * * * 1、语文成绩* * * * *\n");
          printf("* * * * 2、C 语言成绩* * * *\n");
          printf("* * * * 3、单片机成绩* * *\n");
          printf("* * * * 4、返回上一级* * *\n");
          printf("* * * * * * * * * * * * * * * * * * *\n");
          printf("请输入课程标号:");
          scanf("%d",&a1);
          switch(a1)
          {
            case 1:printf("请输入语文成绩(输入 0 作为结
                   束):");
                   t= 0;
                   do {
                        scanf("%d",&a11);//输入学生成绩
                        sum1+=a11;//求学生成绩总和
                        if(max1<a11)max1=a11;//找最高分
                        if(min1>a11&&a11!=0)min1=a11;
                        //找最低分
                        if(a11!=0)t++;//计数学生人数
                   }while(a11!=0);//输入 0 结束成绩输入
                   printf("平均成绩=%d,最高分=%d,最低分=%d
                   \n",sum1/t,max1,min1);
                   break;
            case 2:printf("请输入 C 语言成绩(输入 0 作为结
                   束):");
                   t=0;
                   do {
                        scanf("%d",&a12);
                        sum2+=a12;
                        if(max2<a12)max2=a12;
                        if(min2>a12&&a12!=0)min2=a12;
                        if(a12!=0)t++;
```

```
                    }while(a12!=0);
                   printf ("平均成绩=%d,最高分=%d,最低分
                          =%d\n",sum2/t,max2,min2);
                 break;
           case 3:printf("请输入单片机成绩(输入 0 作为结
                 束):");
                 t=0;
                 do{
                     scanf("%d",&a13);
                     sum3+=a13;
                     if(max3<a13)max3=a13;
                     if(min3>a13&&a13!=0)min3=a13;
                     if(a13!=0)t++;
                 }while(a13!=0);
                 printf ("平均成绩=%d,最高分=%d,最低分=%d
                        \n",sum3/t,max3,min3);
                 break;
           case 4:break;
           default:;
         }
       }while(a1!=4);
       break;
   case 2:printf("学号  语文  C语言  单片机\n");
         break;
   case 3:printf("请输入学生学号:");
         scanf("%d",&a3);
         printf("学号  语文  C语言  单片机\n");
         break;
   case 4:printf("插入成绩!");break;
   case 5:printf("删除成绩!");
         break;
   case 6:exit(0);
  }
 }while(1);
}
```

知识小结

(1) while 循环的特点是先判断表达式,再执行循环体。

(2) 循环由五个部分组成，分别为循环初值、循环条件、循环终值、循环控制量、循环体。循环的五个部分缺一不可，缺少其中某一个则会造成结果不正确，或死循环。

(3) while 语句的使用方法：① 如果 while 后的表达式的值一开始就为假，则循环体将一次也不执行；② 循环体中的语句可为任意类型的 C 语句；③ 在执行 while 语句之前，循环控制变量必须初始化，否则执行的结果将是不可预知的；④ 要在 while 语句的某处(表达式或循环体内)改变循环控制变量，否则极易形成死循环。

(4) do_while 语句的特点是先执行循环体，再判断表达式。如果 do_while 后的表达式的值一开始就为假，则循环体还是要执行一次的。

(5) 在 if 语句、while 语句中，表达式后面都不能加分号，而在 do_while 语句的表达式后面则必须加分号，否则将产生语法错误。

(6) for 语句很好地、正确地表达了循环结构的五个组成部分。

① 控制变量的初始化，即表达式 1；

② 循环的条件，即表达式 2；

③ 循环控制变量的终值，即表达式 2；

④ 循环控制变量的增量或减量，即表达式 3；

⑤ 循环体，即循环体语句。

(7) 三种循环的选择：如果循环次数在执行循环体之前就已确定，则一般用 for 循环；如果循环次数是由循环体的执行情况确定的，则一般用 while 循环或者 do_while 循环。

(8) break 语句的功能：在循环语句和 switch 语句中，终止并跳出循环体或 switch 语句。break 不能用于循环语句和 switch 语句之外的其他任何语句之中。

(9) continue 语句的功能是结束本次循环，跳过循环体中尚未执行的语句，进行下一次是否执行循环体的判断。它仅用于循环语句中。

习 题 五

一、填空题

1. break 语句只能用于________语句和________语句中。

2. 语句“while(!e);”中的条件!e 等价于________。

3. C 语言中 while 和 do_while 循环的主要区别是________。

4. 下面程序段的运行结果是________。

```
a=1;b=2;c=2;
while(a<b<c){t=a;a=b;b=t;c--}
```

```
printf("%d,%d,%d",a,b,c);
```

5. C语言有while、________、for三种循环语句。

6. 计算2+4+6+8+…+98+100。

```
main()
{
  int i,_______;
  for(i=2;i<=100;_______)
    s+=i;
}
```

7. continue语句是用于结束________循环的。

8. 循环语句“for(i=－1;i<3;i++)printf(“!”);”的循环次数是 ________ 。

二、选择题

1. 下面有关for循环的正确描述是________。

A. for循环只能用于循环次数已经确定的情况

B. for循环是先执行循环体语句，后判定表达式

C. 在for循环中，不能用break语句跳出循环体

D. for循环体语句可以包含多条语句，但要用花括号括起来

2. 与以下程序段等价的是________。

```
while(a)
{
  if(b) continue;
  c;
}
```

A.
```
while(a)
{ if(!b) c;}
```

B.
```
while(c)
{ if(!b) break;c;}
```

C.
```
while(c)
{ if(b) c;}
```

D.
```
while(a)
{ if(b) break;c;}
```

3. 下列程序段执行后k值为________。

```
int k=0,i,j;
for(i=0;i<5;i++)
  for(j=0;j<3;j++)
    k=k+1;
```

A. 15　　B. 3　　C. 5　　D. 8

4. 程序段如下，则以下说法中正确的是________。

```
int k=5;
do{
    k--;
}while(k<=0);
```

A. 循环执行 5 次　　B. 循环是无限循环

C. 循环体语句一次也不执行　　D. 循环体语句执行一次

5. 以下正确的描述是________。

A. continue 语句的作用是结束整个循环的执行

B. 只能在循环体内和 switch 语句体内使用 break 语句

C. 在循环体内使用 break 语句或 continue 语句的作用相同

D. 从多层循环嵌套中退出时，只能使用 goto 语句

6. 设 i 和 x 都是 int 类型，程序段如下，则 for 循环语句________。

```
for(i=0,x=0;i<=9&&x!=876;i++) scanf("%d",&x);
```

A. 最多执行 10 次　　B. 最多执行 9 次

C. 是无限循环　　D. 循环体一次也不执行

7. 程序段如下，则以下说法中不正确的是________。

```
#include<stdio.h>
main()
{
  int k=2;
  while(k<7)
  {
    if(k%2) {k=k+3;printf("k=%d\n",k);continue;}
    k=k+1;
    printf("k=%d\n",k);
  }
}
```

A. “k=k+3;”执行一次　　B. “k=k+1;”执行 2 次

C. 执行后 k 值为 7　　D. 循环体只执行一次

8. 程序段如下，则以下说法中正确的是________。

```
int k=5;
do{
```

```
    k--;
  }while(k<=0);
```

A. 循环执行 5 次　　　　　B. 循环是无限循环

C. 循环体语句一次也不执行　　D. 循环体语句执行一次

9. 程序段如下,则以下说法中正确的是________。

```
int k=-20;
while(k=0) k=k+1;
```

A. while 循环执行 20 次　　B. 循环是无限循环

C. 循环体语句一次也不执行　　D. 循环体语句执行一次

三、编程题

1. 打印出所有的“水仙花数”。所谓“水仙花数”是指一个三位数,其各位数字立方和等于该数本身。例如,153 是一个水仙花数,因为 $153=1^3+5^3+3^3$。要求分别用一重循环和三重循环实现。

2. 给出一个不多于 4 位的正整数,要求:① 求出它是几位数;② 分别打印出每一位数字;③ 按逆序打印出各位数字。

3. 编写一个程序,求出 200 到 300 之间的数,且满足条件:该数的三位数字之积为 42,三位数字之和为 12。

4. 编写一个程序,求出满足下列条件的四位数:该数是个完全平方数,且第一、三位数字之和为 10,第二、四位数字之积为 12。

5. 从键盘输入 6 名学生的 5 门课程成绩,分别统计出每个学生的平均成绩。

项目六 学生成绩管理系统的成绩显示

本项目讲解C语言程序中处理批量元素的数组，主要介绍一维数组、二维数组的定义、引用、赋值。最后对本项目的项目实施进行讲解。

项目重点、难点

(1) 一维数组的使用方法。

(2) 二维数组的使用方法。

任务一 根据输入的月份，输出该月的天数（不考虑闰年）

任务描述

1. 任务理解

一年12个月，每个月有的为30天，有的为31天，有的为28天，如何表示这12个月的天数呢(不考虑闰年)？

2. 任务知识点

(1) 什么是数组？

(2) 一维数组。

基本知识

1. 什么是数组？

新生报到时，大家从五湖四海来到学校，学校将如何组织这么多学生有序地报到呢？根据学生所选专业。假设今年学校报到新生有6000个人，学校共有30个专业，那么这6000个学生会根据自己的专业分配到这30个专业中去，相同专业的学生学习相同的课程。现在，我们开始讨论数组，每个学生就相当于程序中的数据，这么多数据，程序如何来有序的处理和组织这些数据呢？通过数组，一个数组就相当于一个专业，专业的选择根据学生自己的兴趣，而数组的划分根据数据类型，相同的数据类型作为一组。区分这些专业有专业名，而数组也有数组名。数组的特性如图 6-1 所示。

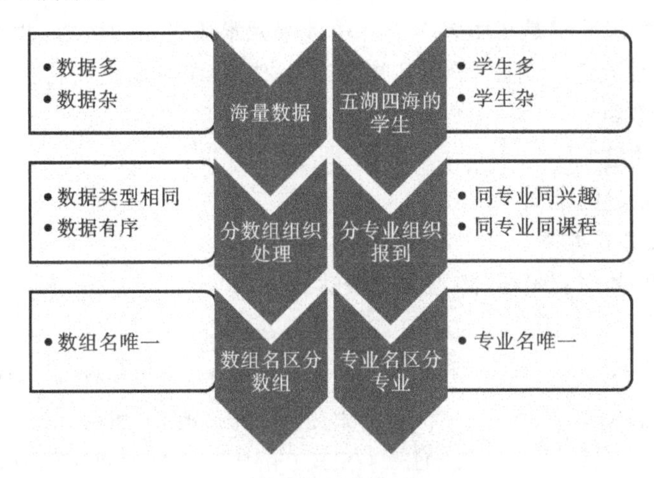

图 6-1 数组特性

从以上分析，数组特性可以归纳为以下几点：

(1) 处理批量数据；

(2) 一组有序数据；

(3) 具有相同数据类型。

最后得出数组的定义如下。

在程序设计中，为了处理方便，把具有相同类型的若干变量按有序的形式组织起来，称为数组。用数组名唯一标识一个数组，数组中的若干变量，称为数组元素，数组元素由数组名和数组下标标识。

2. 数组与变量

一个数组元素就是一个变量，数组就是一组变量，它包含变量，变量包含于数组之中。它们之间的区别如表 6-1 所示。

表 6-1 数组与变量的区别

数　　组	变　　量
相同类型多个变量	一个变量
有序关联	离散

3. 数组的分类

(1) 按数组元素的类型不同，数组可分为数值数组、字符数组、指针数组、结构数组等。

(2) 按数组的维数不同,数组可分为一维数组、多维数组。

① 一维数组通常是指只有一个下标的数组元素所组成的数组。例如,学生到校按专业划分,一个专业就是一个一维数组。

② 多维数组通常是指由多个下标的数组元素所组成的数组,我们一般只考虑到二维组、三维数组。例如,学生到校按专业划分,在专业里面再按人数来划分班级,就是二维数组。

4. 一维数组

1) 一维数组的定义

(1) 定义方式如下。

数据类型 数组变量名[整型常量表达式];

例如,

```
int a[10];                  //定义了有 10 个数据元素的 int 型数组 a
float f[20];                //定义了有 20 个数据元素的 float 型数组 f
char str1[10],str2[20];     //定义了有 10 个和 20 个数据元素的 char 型
                            //数组 str1 和 str2
```

① 数据类型:一个数组中所有数组元素的数据类型,一个数组元素就是一个变量,就是变量的数据类型。

② 数组变量名:用于唯一标识数组的名称,按 C 语言的标识符命名规则来命名。

③ []:数组运算符,单目运算符,左结合,与无符号的整型数据结合,用于标识数组元素和数组元素个数,称为数组下标,不能用()代替。

④ 整型常量表达式:表示定义多少个数组元素个数。

⑤ 用分号结尾。

(2) 数组定义说明如下。

① 定义数组时,必须指定数组的大小(或长度),数组大小必须是无符号整型常量表达式,不能是变量或变量表达式。

例如,下面对数组的定义是错误的:

```
int n=5;
int a[n];                   //数组的大小不能是变量
int b[8.3];                 //数组的大小不能是浮点常量
int c[n+10];                //数组的大小不能是变量表达式
int [-20];                  //数组的大小必须是正整数
```

② 数组定义后,系统将给其分配一定大小的内存单元,其所占内存单元的大

小与数组元素的类型和数组的长度有关。

数组所占内存单元的字节数＝数组大小×sizeof(数组元素类型)

例如，

```
short int a[20];
```

则数组 a 所占内存单元的大小为

20×sizeof(short int)＝20×2 字节＝40 字节。

其中，sizeof 是用于判断数据类型长度的关键字，一般形式为 sizeof(数据类型)。

2) 一维数组的引用

(1) 一维数组的引用格式为

数组变量名[下标]

例如，

```
int a[6];                    //定义一个数组 a,有 6 个数组元素,如表 6-2 所示
```

表 6-2 数组元素引用

a[0]	a[1]	a[2]	a[3]	a[4]	a[5]
第一个数组元素	第二个数组元素	第三个数组元素	第四个数组元素	第五个数组元素	第六个数组元素

每个数组元素，就是一个变量，也就是说，定义一个数组 a[6]，相当于一次定义了 6 个变量，且 6 个变量相互关联。变量的所有操作，对于引用的 6 个数组元素都适用。

(2) 一维数组的引用说明。

① 下标可以是整型常量、整型变量或整型表达式。C 语言规定，下标的最小值(也称为数组的下限)是 0，下标的最大值(也称为数组的上限)则是数组大小减 1，例如，

```
int a[6],i=2;
```

引用形式可以为

```
a[0]        //数组的下限为 0,下标的最小值
a[5]        //数组的上限为 5,下标的最大值
a[3]        //下标为整型常量
a[i]        //下标为整型变量
a[i+2]      //下标为整型表达式
```

② 数组中每个数组元素的类型均相同，它们占用内存中连续的存储单元，其中第一个数组元素的地址是整个数组所占内存块的低地址，也是数组所占内存块

的首地址，最后一个数组元素的地址是整个数组所占内存块的高地址（末地址），如图 6-2 所示。例如，

```
unsigned  int a[10];
```

定义一个整型数组 a，有 10 个数组元素，a[0]到 a[9]，每个数组元素占 2 个字节，第一个数组元素 a[0]有两个内存单元地址 2000 和 2001，C 语言规定，将第一个内存单元的地址作为这个数组元素的地址，则 a[0]的地址为 2000，a[1]的地址为 2002，依次类推，a[9]的地址为 2018。

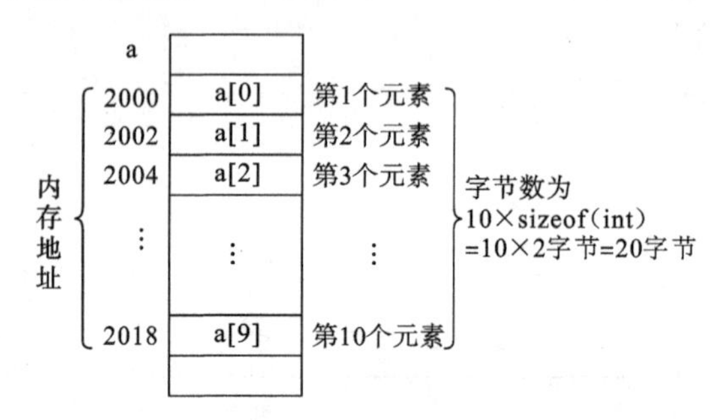

图 6-2　数组内存单元

③ 只能逐个引用数组元素，不能一次引用整个数组，例如，

```
int a[10];
printf("%d",a);        //错误
```

数组的引用，只能一个一个引用，不能用数组名表示引用整个数组。若数组元素较多，可以借助使用循环来一个一个引用。正确引用形式如下：

```
for(j=0;j<10;j++)
  printf("%d\t",a[j]);
```

④ 定义数组以后，数组中的每一个元素其实就相当于一个变量，所以我们有时也把数组元素称为下标变量。对变量的一切操作同样也适用于数组元素，例如，

```
int a[3];
a[0]=2;             //将数组 a 的第 1 个元素赋值为 2
a[1]=4;             //将数组 a 的第 2 个元素赋值为 4
a[2]=a[0]+a[1];     //将数组 a 的第 1 个元素的值与第 2 个元素的值相加
                    //赋给第 3 个元素(值为 6)
```

⑤ 数组引用要注意越界问题，例如，

```
int  a[10];
x=a[10];            //引用越界，只能引用 a[0]~a[9]
```

⑥ 数组必须先定义，后使用，例如，

```
int x=a[1];        //错误，应先定义数组 a，再引用
int a[10];         //定义必须在引用的前面
```

3）一维数组的赋值

（1）一维数组的初始化赋值。

① 初始化赋值的定义如下：

数据类型符　数组变量名[常量表达式]

=｛表达式 1，表达式 2，…，表达式 n｝；

表达式 1 是第 1 个数组元素的值，表达式 2 是第 2 个数组元素的值，依此类推。例如，

```
int a[5]={1,2,3,4,5};
```

则 a[0]＝1，a[1]＝2，a[2]＝3，a[3]＝4，a[4]＝5。

② 初始化赋值说明。

● “＝”后面的表达式列表一定要用｛ ｝括起来，被括起来的表达式列表称为初值列表，表达式之间用“，”分隔。

● 表达式的个数不能超过数组变量的大小，否则编译器会报错。例如，

```
int a[4]={1,2,3,4,5};                //超出了数组的大小
```

● 如果表达式的个数小于数组的大小，则未指定值的数组元素被赋值为 0。例如，

```
int a[6]={0,1,2};
```

则 a[0]＝0，a[1]＝1，a[2]＝2，a[3]＝0，a[4]＝0，a[5]＝0。

● 当对全部数组元素赋初值时，可以省略数组变量的大小，此时数组变量的实际大小就是初值列表中表达式的个数。例如，

```
char str[ ]={'a','b','c','d','e'};
```

则数组 str 的实际大小为 5。

注意：在定义数组时，如果没有为数组变量赋初值，那么就不能省略数组的大小。而且数组不初始化，其数组元素为随机值。

● 将一维数组全部初始化为 0。例如，

```
int a[4]={0};
```

则 a[0]＝0，a[1]＝0，a＝0，a[3]＝0。

（2）一维数组在程序中赋值。

C 语言除了在定义数组变量时用初值列表对数组整体赋值以外，无法再对数

组变量进行整体赋值。例如，

```
int a[5];
a={1,2,3,4,5};                          //错误
a[ ]={1,2,3,4,5};                       //错误
a[5]={1,2,3,4,5};                       //错误
```

定义数组后，如何对数组进行赋值呢？只能通过 C 语句对数组中的数组元素逐一赋值。

① 使用赋值语句来逐一赋值，例如，

```
int a[4];
a[0]=1;a[1]=2;a[2]=3;a[3]=4;
```

这种方法是一种简单而且行之有效的方法，它适用于对长度较小的数组或对长度较大的数组部分元素进行赋值，而且可对每个数组元素赋不同的值。

② 使用循环语句来逐一赋值。举例如下。

将数组 a 的各元素赋值成奇数序列。

```
int a[10],i;
for(i=0;i<10;i++)
  a[i]=2*i+1;
```

接受用户键盘输入并赋值给数组各元素。

```
int a[10],i;
for(i=0;i<10;i++)
  scanf("%d",&a[i]);
```

4）一维数组的输出

（1）使用变量形式输出。

将各数组元素按变量输出的形式输出，这种方法主要运用在数组元素较少和较多数组元素的部分输出。

① 较少数组元素直接输出。例如，

```
int a[4]={1,2,3,4};                     //较少数组元素直接输出
printf("%d,%d,%d,%d",a[0],a[1],a[2],a[3]);
```

② 较多数组元素部分输出。例如，

```
int a[20],i;
for(i=0;i<20;i++)
  scanf("%d",&a[i]);
printf("%d,%d,%d,%d",a[5],a[10],a[15],a[19]);
```

//较多数组元素部分输出

(2) 使用循环语句输出。

在数组元素较多时,使用循环语句是数组输出的主要方法。例如,

```
int a[20],i;
for(i=0;i<20;i++)
printf("%d",a[i]);
```

任务分析

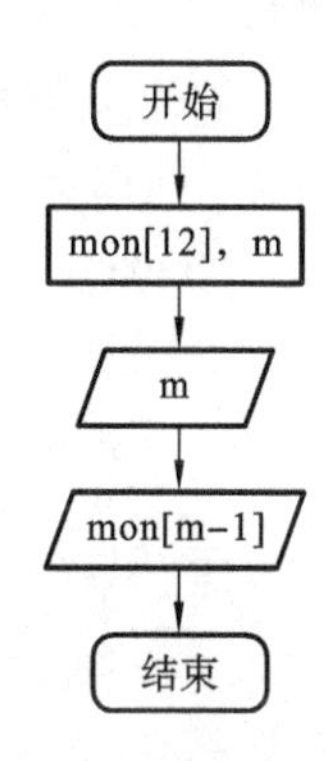

图6-3　任务流程图

1. 从用户角度分析

输入:2。

输出:2 月有 28 天。

2. 从程序员角度分析

算法设计如图 6-3 所示。

程序编写

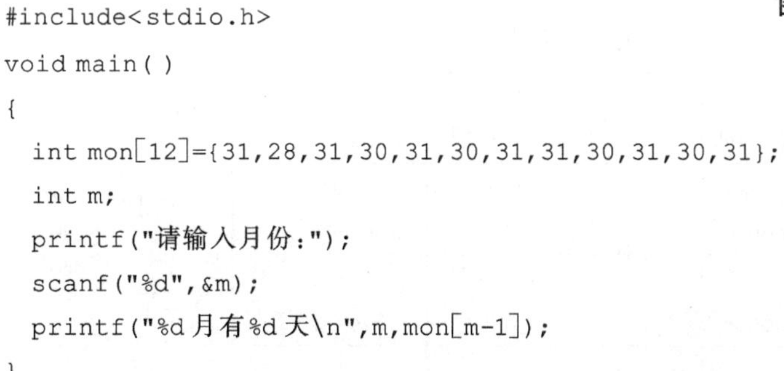

```
#include<stdio.h>
void main()
{
  int mon[12]={31,28,31,30,31,30,31,31,30,31,30,31};
  int m;
  printf("请输入月份:");
  scanf("%d",&m);
  printf("%d 月有%d 天\n",m,mon[m-1]);
}
```

任务二　根据输入的年、月,输出该月的天数(考虑闰年)

任务描述

1. 任务理解

年分为平年和闰年,平年的 2 月为 28 天,闰年的 2 月为 29 天,可以采用二维数组区分平年和闰年并分别存入每月天数。

2. 任务知识点

二维数组的使用方法。

基本知识

1. 二维数组的定义

1）定义方式

数据类型　数组名[常量表达式 1][常量表达式 2]；

其中，常量表达式 1 表示行下标，常量表达式 2 表示列下标，数组元素个数等于行数与列数的乘积。

行下标的最小值为 0，最大值为行数减 1；列下标的最小值为 0，最大值为列数减 1。其他说明与一维数组类似，这里不再重复说明。

例如，

```
int a[3][4];            //定义 3 行 4 列整型二维数组 a,有 12 个数组元素
float b[2][5];          //定义 2 行 5 列实型二维数组 b,有 10 个数组元素
```

不允许如下定义：

```
int a[3,4];             //定义错误
```

2）二维数组的理解

以教学楼为例理解二维数组，如图 6-4 所示。

501 house[4][0]	502 house[4][1]	503 house[4][2]	第五层
401 house[3][0]	402 house[3][1]	403 house[3][2]	第四层
301 house[2][0]	302 house[2][1]	303 house[2][2]	第三层
201 house[1][0]	202 house[1][1]	203 house[1][2]	第二层
101 house[0][0]	102 house[0][1]	103 house[0][2]	第一层

图 6-4　二维数组理解

若层数为常量表达式 1，表示行，每层的教室数为常量表达式 2，表示列，则将这个教学楼定义为一个二维数组 house[5][3]，一共有 15 个教室。

根据行和列可以唯一确定某一个教室，第一层第二个教室为 102，用二维数组表示为 house[0][1]；第四层第三个教室为 403，用二维数组表示为 house[3][2]。

为什么第一层第二个教室的 102，用二维数组表示不是 house[1][2]，而是 house[0][1]？

因为数组的下标都是从 0 开始，而不是从 1 开始的，我们的思维习惯都是从 1

开始。对于二维数组来说，行下标从 0 开始，行数减 1 结束，列下标从 0 开始，列数减 1 结束。

2. 二维数组的引用

1）引用形式

数组名[行下标][列下标]

例如，

```
int a[3][4];
```

定义一个 3 行 4 列的二维数组，其 12 个数组元素的引用形式如图 6-5 所示。

a[0][0]	a[0][1]	a[0][2]	a[0][3]
a[1][0]	a[1][1]	a[1][2]	a[1][3]
a[2][0]	a[2][1]	a[2][2]	a[2][3]

图 6-5　二维数组引用

2）二维数组引用说明

(1) 行下标和列下标可以是整型常量、整型变量或整型表达式。

例如，

```
int a[5][4],i=2,j=1;
```

引用形式可以为

```
a[0][0]                 //数组的下限为 0,下标的最小值
a[4][3]                 //行标上限为 4,列标上限为 3
a[i][j]                 //下标为整型变量
a[i+2][j+i]             //下标为整型表达式
```

(2) 二维数组中每个数组元素的类型均相同，在内存中按行序优先进行一维存放，它们占用内存中连续的存储单元，如图 6-6 所示。

例如：

```
unsigned  int a[5][2];
```

(3) 二维数组也只能逐个引用数组元素，不能一次引用整个数组。一维数组的元素引用采用一层循环，二维数组的元素引用采用二层循环。

例如，

```
int a[8][10],i,j;
for(i=0;i<8;i++)
  for(j=0;j<10;j++)
    printf("%d\t",a[i][j]);
```

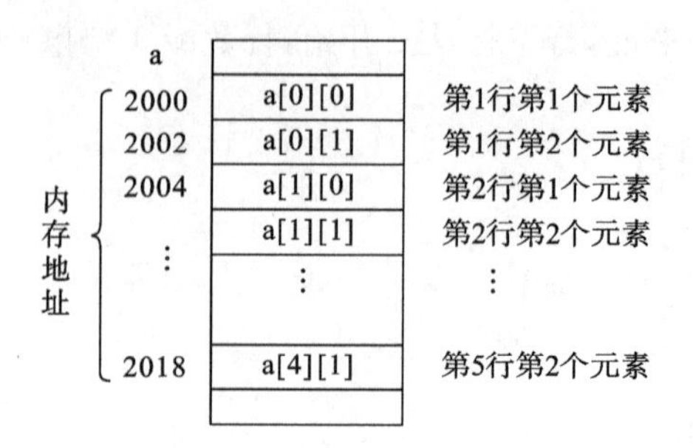

图 6-6　二维数组存储单元

(4) 二维数组定义以后，二维数组中的每一个元素其实就相当于一个变量，对变量的一切操作同样也适用于数组元素。

例如，

```
int a[3][2];
a[0][0]=2;
a[1] [1]=4;
a[2] [0]=a[0][1]+a[1][0];
```

(5) 数组引用要注意超出表示范围，引用最大值下标为行数减 1 和列数减 1。

```
int a[3][2];
x=a[3][2];                //引用超出表示范围，最大下标的数组为 a[2][1]
```

3. 二维数组的初始化赋值

1) 二维数组分行初始化

(1) 分行初始化赋值的定义如下：

数据类型　数组变量名[行常量表达式=[列常量表达式]=

{{第 0 行初值表},{第 1 行初值表},…,{最后 1 行初值表}};

(2) 分行全部赋值。

例如，

```
int a[3][2]={{1,2},{3,4},{5,6}};
```

则 a[0] [0]=1,a [0] [1]=2,a[1] [0]=3,a[1] [1]=4,a[2][0]=5,a[2][1]=6。

(3) 分行部分赋值，没赋值的元素系统自动赋 0 值。

例如，

```
int a[3][2]={{1},{3,4},{6}};
```

则 a[0] [0]=1,a [0] [1]=0,a[1] [0]=3,a[1] [1]=4,a[2][0]=6,a[2][1]

=0。

(4) 分行省略一维行数赋值,系统会自动识别行数,注意千万不要省略掉列数。

例如,

```
int a[ ][2]={{1,2},{3},{6}};
```

则 a[0] [0]=1,a [0] [1]=2,a[1] [0]=3,a[1] [1]=0,a[2][0]=6,a[2][1]=0。

2) 二维数组按元素排列顺序初始化

(1) 按元素排列顺序初始化赋值的定义如下:

数据类型　数组变量名[行常量表达式][列常量表达式]={ 初值表 };

(2) 按元素排列顺序全部赋值,例如,

```
int a[3][2]={1,2,3,4,5,6};
```

则 a[0] [0]=1,a [0] [1]=2,a[1] [0]=3,a[1] [1]=4,a[2][0]=5,a[2][1]=6。

(3) 按元素排列顺序部分赋值,没赋值的元素系统自动赋 0 值,例如,

```
int a[3][2]={1,3,4,6};
```

则 a[0] [0]=1,a [0] [1]=3,a[1] [0]=4,a[1] [1]=6,a[2][0]=0,a[2][1]=0。

(4) 按元素排列顺序省略一维行数赋值,系统会自动识别行数,注意千万不要省略掉列数,例如,

```
int a[ ][2]={1,2,3,6,7};
```

则 a[0] [0]=1,a [0] [1]=2,a[1] [0]=3,a[1] [1]=6,a[2][0]=7,a[2][1]=0。

(5) 给二维数组全部初始化为 0 值,例如,

```
int a[3][2]={0};
```

则 a[0] [0]=0,a [0] [1]=0,a[1] [0]=0,a[1] [1]=0,a[2][0]=0,a[2][1]=0

4. 二维数组在程序中赋值

1) 使用赋值语句来逐一赋值

例如,

```
int a[3][2];
a[0] [0]=1;a [0] [1]=2;
a[1] [0]=3;a[1] [1]=4;
a[2][0]=5;a[2][1]=6;
```

它适用于对长度较小的数组或对长度较大的部分数组进行赋值,而且可对每

个数组元素赋不同的值。

2）使用循环语句来逐一赋值

例如，将二维数组 a 的各元素赋值成行标与列标之和。

```
int a[6][8],i;
for(i=0;i<6;i++)
  for(j=0;j<8;j++)
    a[i][j]=i+j;
```

例如，接受用户键盘输入赋值给数组各元素。

```
int a[6][8],i;
  for(i=0;i<6;i++)
    for(j=0;j<8;j++)
      scanf("%d\t",&a[i][j]);
```

5. 二维数组的输出

(1) 使用变量形式输出。

较少数组元素直接输出一般很少使用此方法。例如，

```
int a[2][3]={1,2,3,4,5,6};     //较少数组元素
printf("%d,%d,%d,%d,%d,%d",a[0][0],a[0][1],a[0][2],a[1][0],a[1][1],
a[1][2]);
```

较多数组元素部分输出如下：

```
int a[4][5],i,j;
for(i=0;i<4;i++)
  for(j=0;j<5;j++)
    scanf("%d",&a[i][j]);
printf("%d,%d,%d",a[1][ 0],a[1][4],a[2][0],a[3][3]);      //较多部分输出
```

(2) 使用循环语句输出二维数组，一般采用两层循环。例如，

```
int a[10][20]={0},i,j;
for(i=0;i<10;i++)
  for(j=0;j<20;j++)
    printf("%d",a[i][j]);
```

任务分析

1. 从用户角度分析

输入：2008 2。

输出：2008 年 2 月有 29 天。

2. 从程序员角度分析

算法设计如图 6-7 所示。

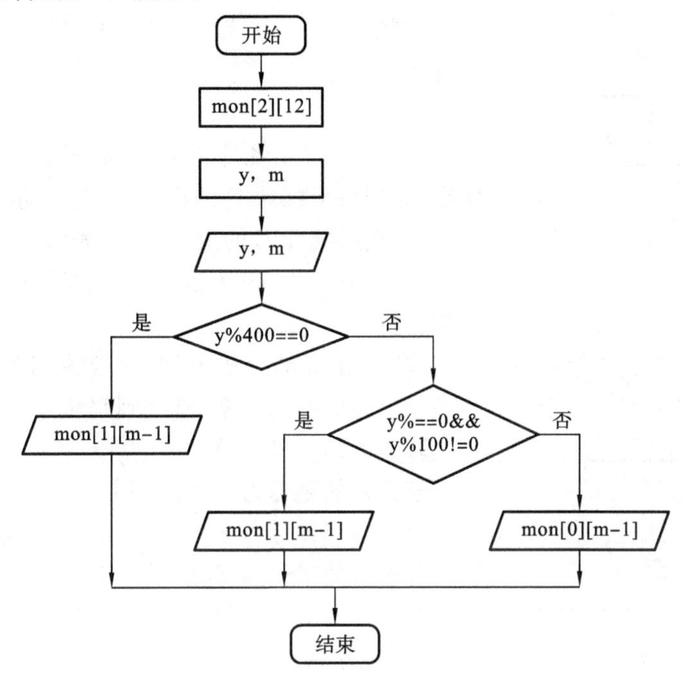

图 6-7　任务流程图

程序编写

```
#include<stdio.h>
void main()
{
  int mon[2][12]={{31,28,31,30,31,30,31,31,30,31,30,31},
                  {31,29,31,30,31,30,31,31,30,31,30,31}};
  int y,m;
  printf("请输入年月:");
  scanf("%d%d",&y,&m);
  if(y%400==0)
    printf("%d年的%d月有%d天\n",y,m,mon[1][m-1]);
  else if(y%4==0&&y%100!=0)
    printf("%d年的%d月有%d天\n",y,m,mon[1][m-1]);
  else printf("%d年的%d月有%d天\n",y,m,mon[0][m-1]);
}
```

知识拓展

数组应用举例。

例 6.1 输入一行字符,统计其中各个大写字母出现的次数。

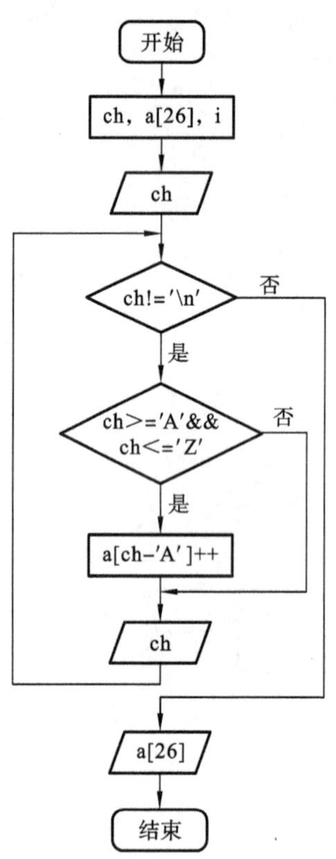

图 6-8 例 6.1 流程图

(1) 要统计各个大写字母的次数,大写字母有 26 个,分别统计每一个大写字母,正好使用数组分别记录各个大写字母出现的次数,没出现的为 0,则有 a[26]。

(2) a[0]表示统计 A 的次数,a[1]表示统计 B 的次数,a[2]表示统计 C 的次数,a[3]表示统计 D 的次数,a[4]表示统计 E 的次数,a[5]表示统计 F 的次数,a[6]表示统计 G 的次数,…,a[25]表示统计 Z 的次数。

(3) 从上面的分析可知,只要找到各个数组下标与各个字符之间的关系,就找到解题方法。

若输入的字母为 A,则 a[0]++;

若输入的字母为 B,则 a[1]++;

⋮

若输入的字母为 Z,则 a[25]++。

可以定义输入字符变量为 ch,有 a[ch-'A'],

若 ch 为'A',则 a[ch-'A']= a[0]

若 ch 为'B',则 a[ch-'A']= a[1]

⋮

若 ch 为'Z',则 a[ch-'A']= a[25]

(4) 算法设计如图 6-8 所示。

编写程序如下:

```
#include <stdio.h>
void main(void)
{
  char ch;
  int a[26]={0},i;
  scanf("%c",&ch);                    //输入第一个字符串
  while((ch!='\n')                    //循环输入字符串,'\n'结束输入
  {
    if(ch>='A'&& ch<='Z')             //是否为大写字母
        a[ch-'A']++;
    scanf("%c",&ch);                  //循环体内输入
  }
  for(i=0;i<26;i++)                   //输出结果
```

```
    {
      if(i%4==0)                          //每输出 4 个字母换一行
        printf("\n");
      printf("%c 的次数为%d",'A'+i,a[i]);
    }
    printf("\n");
}
```

例 6.2 输入 10 个学生的 3 门课程(英语、语文、数学)成绩,分别求每个学生的平均成绩和每门课程的平均成绩。

(1) 数据相对比较多,必须采用数组,学生人数为一维,课程门数为一维,所以要定义一个二维数组,用于存放各学生的各门课程成绩。

(2) 这个数组的每一行表示某个学生的各门课的成绩及其平均成绩,每一列表示某门课的所有学生成绩及该课程的平均成绩。在定义这个学生成绩的二维数组时,行数和列数要比学生人数及课程门数多 1,因此,10 个学生 3 门课程,二维数组可定义为 sc[11][4]。

(3) 将这个二维数组 sc[11][4]的每行数据元素(除最后一个数组元素外)求和后除以课程数得到每个学生的平均成绩;每列数据元素(除最后一个数组元素外)求和后除以学生数得到每门课程的平均成绩,如表 6-3 所示。

表 6-3 二维数组 sc[11][4]行列表示

学　号	英　语	语　文	数　学	平均成绩
1	95 sc[0][0]	87 sc[0][1]	75.5 sc[0][2]	86 sc[0][3]
2	67 sc[1][0]	80 sc[1][1]	90 sc[1][2]	79 sc[1][3]
3	78 sc[2][0]	90 sc[2][1]	85 sc[2][2]	84 sc[2][3]
…	…	…	…	…
10	86 sc[9][0]	76 sc[9][1]	65 sc[9][2]	75.5 sc[9][3]
课程平均成绩	86 sc[10][0]	76 sc[10][1]	80 sc[10][2]	

(4) 算法流程图如图 6-9 所示。

编写程序如下:

```
#include<stdio.h>
```

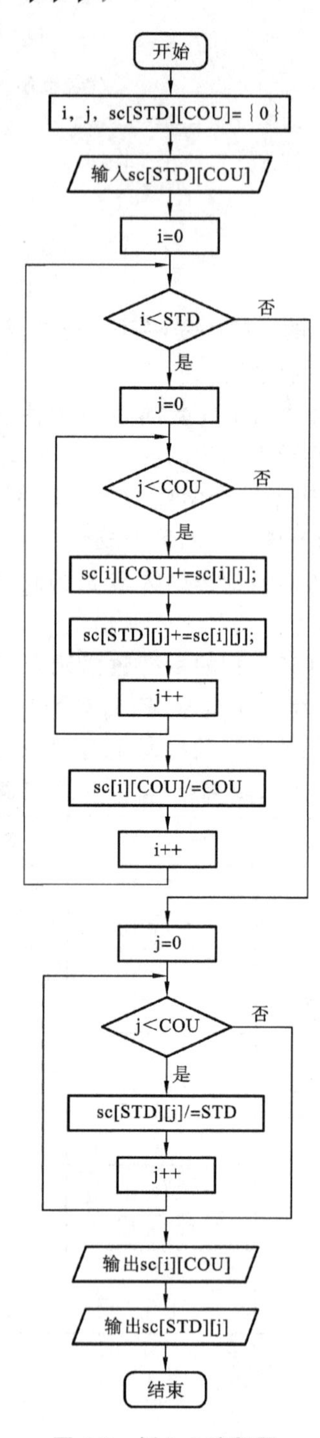
开始
i, j, sc[STD][COU]= {0}
输入sc[STD][COU]
i=0
i<STD
否
是
j=0
j<COU
否
是
sc[i][COU]+=sc[i][j];
sc[STD][j]+=sc[i][j];
j++
sc[i][COU]/=COU
i++
j=0
j<COU
否
是
sc[STD][j]/=STD
j++
输出sc[i][COU]
输出sc[STD][j]
结束

图 6-9 例 6.2 流程图

```
#define STD 10                          //定义符号常量学生人数为 10
#define COU 3                           //定义符号常量课程门数为 3
void main( )
{
  int i,j;
  float sc[STD+1][COU+1]={0};           //定义成绩数组,各元素初值为 0
  for(i=0;i<STD;i++)
    for(j=0;j<COU;j++)
    {
      printf("请输入第%d个学生第%d课程:",i+1,j+1);
      scanf("%f",&sc[i][j]);            //输入第 i 个学生的第 j 门课程的成绩
    }
  for(i=0;i<STD;i++)
  {
    for(j=0;j<COU;j++)
    {
      sc[i][COU]+=sc[i][j];             //求第 i 个学生的总成绩
      sc[STD][j]+=sc[i][j];             //求第 j 门课的总成绩
    }
      sc[i][COU]/=COU;                  //求第 i 个人的平均成绩
  }
  for(j=0;j<COU;j++)
       sc[STD][j]/=STD;                 //求第 j 门课的平均成绩
  for(i=0;i<STD;i++)
  {
    printf("学生%d的平均成绩为:%f\n",i+1,sc[i][COU]);
  }
  for(j=0;j<COU;j++)                    //输出每门课程的平均成绩
    printf("英语课程平均成绩为:%f\n ",sc[STD][j]);
}
```

项目实施

项目分析

1. 从用户角度分析

输入、输出如图 6-10 所示。

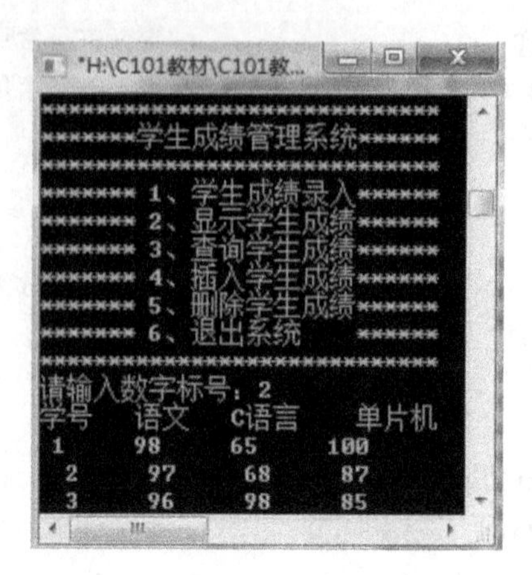

图 6-10　学生成绩显示的输入、输出

2. 从程序员角度分析

我们利用数组批量处理数据的功能，将用户输入的数据用数组存放，再输出数组的每一个元素，达到显示学生成绩的功能。

程序编写

```
#include<stdio.h>
#include<stdlib.h>
#include<malloc.h>
void main( )
{
  int i,a1,a3,a11[100]={0},a12[100]={0},a13[100]={0};
                        //a11,a12,a13 数组存放三门课程的成绩
  int sum1=0,max1=0,min1=100,sum2=0,max2=0,min2=100,t;
                        //t 统计课程成绩人数
  int sum3=0,max3=0,min3=100,j;
                        //sum,max,min 为各门课程总和、最高分、最低分
  do{
      printf("************************\n");
      printf("*******学生成绩管理系统******\n");
      printf("************************\n");
      printf("******* 1、学生成绩录入******\n");
      printf("******* 2、显示学生成绩******\n");
      printf("******* 3、查询学生成绩******\n");
      printf("******* 4、插入学生成绩******\n");
      printf("******* 5、删除学生成绩******\n");
```

```
printf("* * * * * * * 6、退出系统* * * * * *\n");
printf("* * * * * * * * * * * * * * * * * * * * * * * * * * *\n");
printf("请输入数字标号:");
scanf("%d",&i);
switch(i)
{
  case 1:do {
              printf("* * * * * * * * * * * * * * * * * * *\n");
              printf("* * * * 1、语文成绩* * * * *\n");
              printf("* * * * 2、C 语言成绩* * * *\n");
              printf("* * * * 3、单片机成绩* * *\n");
              printf("* * * * 4、返回上一级* * *\n");
              printf("* * * * * * * * * * * * * * * * * *\n");
              printf("请输入课程标号:");
              scanf("%d",&a1);
              switch(a1)
              {
                case 1: printf("请输入语文成绩(输入 0 作为结束):");
                        t=0;
                        do {
                             scanf("%d",&a11[t]);
                             sum1+=a11[t];      //求语文总成绩和
                             if(max1<a11[t]max1=a11[t];
                                                //找语文成绩最高分
                             if(min1>a11 [t]&&a11[t]!=0)min1=a11
                             [t];               //找语文成绩最低分
                        }while(a11[t++]!=0);
                                                //输入成绩为 0,结束
                                                //输入
                        printf ("平均成绩=%d,最高分=%d,最低分=%d\
                             n",sum1/(t-1),max1,min1);
                        break;
                case 2:printf("请输入 C 语言成绩(输入 0 作为结束):");
                       t=0;
                       do {
                            scanf("%d",&a12[t]);
                            sum2+=a12[t];      //求 C 语言总成绩和
                            if(max2<a12[t]) max2=a12[t];
```

```
                                          //C 语言成绩最高分
                      if(min2>a12[t] &&a12 [t]!=0)min2=a12
                      [t];                //C 语言成绩最低分
                   }while(a12[t++]!=0);
                   printf("平均成绩=%d,最高分=%d,最低分=%d\
                         n",sum2/(t-1),max2,min2);
                   break;
              case 3:printf("请输入单片机成绩(输入 0 作为结束):");
                   t=0;
                   do {
                      scanf("%d",&a13[t]);
                      sum3+=a13[t];
                      if(max3<a13[t])max3=a13[t];
                      if(min3>a13[t] &&a13[t]!=0)min3=a13
                      [t];
                   }while(a13[t++]!=0);
                   printf("平均成绩=%d,最高分=%d,最低分=%d\
                         n",sum3/(t-1),max3,min3);
                   break;
              case 4:break;
              default:;
            }
        }while(a1!=4);
        break;
case 2:printf("学号   语文   C 语言   单片机\n");
        for(j=0;j<t-1;j++)//显示学生成绩
        {
         printf(" %d%d%d%d\n ",j+1,a11[j],a12[j],a13[j]);
        }
        break;
case 3:printf("请输入学生学号:");
        scanf("%d",&a3);
        printf("学号   语文   C 语言   单片机\n");
        break;
case 4:printf("插入成绩!");break;
case 5:printf("删除成绩!");
        break;
case 6:exit(0);
```

```
        }
      }while(1);
    }
```

知识小结

(1) 在程序设计中,为了处理方便,把具有相同类型的若干变量按有序的形式组织起来,称为数组。用数组名唯一标识一个数组,数组中的若干变量,称为数组元素,数组元素由数组名和数组下标标识。

(2) 定义数组时,必须指定数组的大小(或长度),数组大小必须是无符号整型常量表达式,不能是变量或变量表达式。

(3) 数组定义后,系统将给其分配一定大小的内存单元,其所占内存单元的大小与数组元素的类型和数组的长度有关。

数组所占内存单元的字节数=数组大小×sizeof(数组元素类型)

(4) C语言规定,下标的最小值(也称为数组的下限)是0,下标的最大值(也称为数组的上限)则是数组大小减1 。

(5) 数组中每个数组元素的类型均相同,它们占用内存中连续的存储单元,其中第一个数组元素的地址是整个数组所占内存块的低地址,也是数组所占内存块的首地址,最后一个数组元素的地址是整个数组所占内存块的高地址(末地址)。

(6) 数组初始化赋值的表达式个数不能超过数组变量的大小,否则编译器会报错;如果表达式的个数小于数组的大小,则未指定值的数组元素,被赋值为0。

(7) 当对全部数组元素赋初值时,可以省略数组变量的大小,此时数组变量的实际大小就是初值列表中表达式的个数。

(8) 二维数组常量表达式1表示行下标,常量表达式2表示列下标,数组元素个数等于行数与列数的乘积。行下标的最小值为0,最大值为行数减1;列下标的最小值为0,最大值为列数减1。

习　题　六

一、填空题

1. 在C语言中,引用数组元素时,其数组下标的数据类型是________。

2. 在C语言中,一维数组的定义方式为类型说明符　数组名________。

3. 若定义数组 int a[10],其最后一个数组元素为________。

4. 设有数组定义为 char string[ ]="China";则数组 string 所占的空间为________。

5. 在数组 int score[10]={1,2,3,4,5,6}中，元素定义的个数有________个，其中 score[8]的值为________。

二、选择题

1. 以下关于数组的描述正确的是________。

A. 数组的大小是固定的，但可以有不同类型的数组元素。

B. 数组的大小是可变的，但所有数组元素的类型必须相同。

C. 数组的大小是固定的，但所有数组元素的类型必须相同。

D. 数组的大小是可变的，但可以有不同的类型的数组元素。

2. 在定义“int a[10];”之后，对 a 的引用正确的是________。

A. a[10]　　B. a[6.3]　　C. a(6)　　D. a[10－10]

3. 以下能正确定义数组并正确赋初值的语句是________。

A. int n=5,b[n][n];　　B. int a[1][2]={{1},{3}};

C. int c[2][]={{1,2},{3,4}}　　D. int a[3][2]={{1,2},{3,4}}

4. 以下不能正确赋值的是________。

A. char s1[10];s1="test";　　B. char s2[]={'t','e','s','t'}

C. char s3[20]="test";　　D. char s4[4]={'t','e','s','t'}

5. 下面程序段运行后的输出结果是________。

```
char s[18]="a book!";
printf("%.4s",s);
```

A. a book!　　B. ok!

C. a bo　　D. 格式描述不正确，没有确定输出

6. 下面程序段运行后的输出结果是________。

```
char s[12]="A book";
printf("%d\n",strlen(s));
```

A. 12　　B. 8　　C. 7　　D. 6

7. 在执行“int a[][3]={1,2,3,4,5,6};”语句后，a[1][0]的值是________。

A. 4　　B. 1　　C. 2　　D. 5

8. 设已定义“int x[2][4]={1,2,3,4,5,6,7,8};”，则元素 x[1][1]的正确初值是________。

A. 6　　B. 5　　C. 7　　D. 1

9. 以下数组定义中，不正确的是________。

A. int b[3][4];　　B. int c[3][ ]={{1,2},{1,2,3},{4,5,6,7}};

C. int b[200][100]={0};　　D. int c[ ][3]={{1,2,3},{4,5,6}};

10. 定义数组“int x[2][3];”，则数组 x 的维数是________。

A. 1　　B. 2　　C. 3　　D. 6

三、编程题

1. 求一个 3×3 矩阵两条对角线上元素之和(每个元素只加一次)。

2. 打印如下形式的杨辉三角形:

```
1
1  1
1  2  1
1  3  3  1
1  4  6  4  1
1  5  10 10 5  1
```

输出前 10 行,从 0 行开始,分别用一维数组和二维数组实现。

3. 有一个数组,内存放 10 个整数。要求找出最小的数和它的下标,然后把它和数组中最前面的元素进行对换位置。

4. 若有说明:

```
int a[2][3]={1,2,3},{4,5,6};
```

现要将 a 的行和列的元素互换后存到另一个二维数组 b 中,试编程。

5. 判断一字符串是否是回文数,如 121、12321、ABA 等(字符串输入时以“.”结束)。如输入“12321.”,则输出 yes。

项目七 学生成绩管理系统的成绩查询

本项目主要讲解C语言的模块化程序设计——函数。首先从函数的定义出发，讲解为什么要学习函数，然后对函数的四种形式（无返回值无参数函数、有返回值无参数函数、无返回值有参数函数、有返回值有参数函数）的使用方法进行介绍；再对函数参数的两种传值方式进行比较讲解；对变量的作用域进行简单介绍；最后对本项目的项目实施进行讲解。

项目重点、难点

(1) 四种函数形式的使用方法。

(2) 函数的两种传递方式。

(3) 全局变量、局部变量、静态变量、外部变量的使用方法。

任务一 设计分离任意位数的整数函数

任务描述

1. 任务理解

(1) 输入一个数，这个数的位数在输入前不确定。

(2) 分离这个数时，分离出来的每位数用数组存放。

(3) 要求用函数实现。

2. 任务知识点

函数的使用方法。

基本知识

1. 函数的概念及其作用

1) 什么是函数?

大家先看一个例子，比较三个数a、b、c的大小，按从小到大的顺序排列输出。

```
void main( )
{
  int a,b,c;
  scanf("%d%d%d",&a,&b,&c);
  if(a>b) {a,b交换}
  if(a>c) {a,c交换}
  if(b>c) {b,c交换}
  printf("%d,%d,%d",a,b,c);
}
```

从以上程序我们可以看出，有三处地方要重复使用交换代码，这样既增加了程序员编写代码的工作量，同时也不利于程序的阅读与修改。于是，程序专家设计了函数。函数这个名词是从英文 function 翻译过来的，其实 function 的原意是“功能”，一个函数就是一个功能。

函数就是把一些实现某一功能的代码段组合在一起，取一个名字方便多次重复调用。在上面的例子中，我们把实现交换这一功能的代码段组合在一起，便是一个函数。为了与其他函数区分开来，根据其功能我们给每个函数取一个名字，就是函数名。

2）函数的作用

一个较大的程序不可能完全由一个人从头至尾地完成，更不可能把所有的内容都放在一个主函数中。C 语言程序鼓励和提倡人们把一个大问题划分成一个个子问题，为解决一个子问题而编制一个函数，构成相对独立、任务单一的小模块，充分独立的小模块构成新的大程序不同的程序模块可以由不同的人来完成。

无论把一个程序划分为多少个程序模块，只能有一个 main 函数。程序总是从 main 函数开始执行。在程序运行过程中，由主函数调用其他函数，其他函数也可以互相调用。因此，函数的作用主要有如下几点：

（1）避免重复性操作，方便程序的编写。

（2）有利于程序的模块化，使程序的层次结构清晰，便于程序的编写、阅读、调试、修改。

（3）可以建立库函数，方便用户随意调用。

3）函数的组成

一个 C 语言函数要在程序中有效执行，需要由函数定义、函数声明、函数调用三部分组成。

（1）函数定义：函数完成什么功能及怎么运行，相当于重命名一段程序代码段。

（2）函数声明：告诉编译器这是一个什么类型的函数，编译器在编译的时候会维护一张表，用于确定各个函数的调用关系。

(3) 函数调用：被调函数在调用函数内的使用。

(4) 函数与函数之间的关系

一个C语言程序是由若干个函数组成的，C语言被认为是面向函数的语言。在C语言中，所有的函数定义，包括主函数main在内，都是平行的。它们之间的关系主要有以下三点。

(1) 在一个函数的函数体内，不能再定义另一个函数，即不能嵌套定义。

(2) 函数之间允许相互调用，也允许嵌套调用。习惯上把调用者称为主调函数。函数还可以自己调用自己，称为递归调用。

(3) main函数是主函数，它可以调用其他函数，而不允许被其他函数调用。因此，C语言程序的执行总是从main函数开始，完成对其他函数的调用后再返回到main函数，最后由main函数结束整个程序。一个C源程序必须有也只能有一个主函数main。

在实际应用的程序中，主函数写得很简单，它的作用就是调用各个函数，程序各部分的功能全部都是由各函数实现的。主函数相当于总调度，调动各函数依次实现各项功能。

2. 函数的分类

1) 从函数定义的角度看

函数可分为库函数和用户定义函数两种。

(1) 库函数：由C系统提供，用户无须定义，也不必在程序中作类型说明，只需在程序前有包含该函数原型的头文件即可在程序中直接调用。在前面各项目的例题中反复用到printf、scanf等函数均属此类。

(2) 用户定义函数：由用户按需要编写的函数。对于用户自定义函数，不仅要在程序中定义函数本身，而且在主调函数模块中还必须对该被调函数进行类型说明，然后才能使用。

2) 从主调函数和被调函数之间数据传送的角度看

函数又可分为无参数函数和有参数函数两种。

(1) 无参数函数。函数定义、函数说明及函数调用中均不带参数。主调函数和被调函数之间不进行参数传送。此类函数通常用于完成一组指定的功能，可以返回或不返回函数值。因此无参数函数又分为无参数无返回值函数和无参数有返回值函数。

① 无参数无返回值函数：主调函数和被调函数之间不进行参数传送，函数用于完成某项特定的处理任务，执行完成后不向调用者返回函数值。

② 无参数有返回值函数：主调函数和被调函数之间不进行参数传送，函数被调用执行完后将向调用者返回一个执行结果，称为函数返回值。

(2) 有参数函数。在函数定义及函数说明时都有参数,称为形式参数(简称形参)。在函数调用时也必须给出参数,称为实际参数(简称实参)。进行函数调用时,主调函数将把实参的值传送给形参,供被调函数使用。此类函数通常用于完成一组指定的功能,可以返回或不返回函数值。因此有参数函数又分为有参数无返回值函数和有参数有返回值函数。

① 有参数无返回值函数:在进行函数调用时,主调函数将把实参的值传送给形参,供被调函数使用,函数用于完成某项特定的处理任务,执行完成后不向调用者返回函数值。

② 有参数有返回值函数:在进行函数调用时,主调函数将把实参的值传送给形参,供被调函数使用,函数被调用执行完成后将向调用者返回一个执行结果,称为函数返回值。

3. 无参数无返回值函数

1) 定义格式

```
    void  函数名(void)              //①
  {
函        变量声明部分
数
体        执行部分
  }
```

定义说明如下。

(1) “void 函数名(void)”为函数头。

(2) 由“{ }”包含的部分为函数体,函数体由变量声明部分和执行部分组成。

(3) 前面①处没加括号的“void”,表示函数无返回值,不能省略“void”;后面在括号内的“void”,表示函数无参数,“void”可以省略。

(4) 函数名由用户自己定义,其命名规则与变量命名规则相同。

2) 函数的原型声明

void 函数名(void); 或 void 函数名();

C语言规定,对函数调用之前必须对其原型加以声明,否则会出现编译错误。

3) 函数调用

函数调用格式为“函数名( );”。

不能将这种函数调用赋值给任何变量,因为它没有返回值。函数调用时,( )中间不能有 void。函数必须先定义,再声明,最后才能调用。

4) 函数用途

此类函数用于完成某项固定的处理任务,执行完成后不向调用者返回函数值。它类似于其他语言的过程。

5）函数举例

采用无参数无返回值函数类型编写一个函数，函数功能为求 1 到 100 的和。

```
#include<stdio.h>
void sum100(void);              //函数声明①
void main()                     //主调用函数
{
  sum100();                     //函数调用
}
void sum100(void)               //函数定义②,被调用函数
{
  int i,s=0;
  for(i=1;i<=100;i++)
    s=s+i;
  printf("1到100的和为:%d",s);
}
```

输出结果：

1 到 100 的和为:5050

函数说明如下。

（1）函数定义②可以放在程序中的任意位置，但一般放在主函数后面。

（2）函数声明①既可放在函数调用之前的任意位置，还可放在主函数里面，也可放在包含语句下面，但一般放在函数调用之前。

（3）若函数定义在调用函数之前，可以省略函数说明。

```
#include<stdio.h>
void sum100(void)               //函数定义②,被调用函数
{                               //在调用函数之前,省略函数声明
  int i,s=0;
  for(i=1;i<=100;i++)
    s=s+i;
  printf("1到100的和为:%d",s);
}
void main()                     //主调用函数
{
  sum100();                     //函数调用
}
```

输出结果：

1 到 100 的和为:5050

6）编写C语言程序的一般格式

在编写C语言程序时，同学们常迷惑于文件包含语句是不是只能用于文件头？函数声明是不是只能在主函数的上面？用户自定义函数可以放在主函数的前面吗？

其实C语言程序的编写只受“先定义后使用”的限制，在使用变量、调用函数时，只要它的定义在使用之前的任意位置都是可以的。

为了提高程序编写、修改、调试、阅读的效率及程序员之间进行交流，程序员都有以下约定俗成的格式。

(1) 文件开头写文件包含语句。例如，#include<stdio.h>等，用于标准库库函数原型声明。

(2) 常量定义（若有常量则定义，若没有则可省略）。例如，# define PI 3.1415等。

(3) 全局变量定义（若有全局变量则定义，若没有则可省略）。例如，“int a;”。

(4) 用户自定义函数原型声明。例如，“void sum100(void);”。

(5) main 函数。

(6) 用户自定义函数。

4. 函数返回值

函数返回值是指函数被调用之后，执行函数体中的程序段所取得的并返回给主调函数的值。函数的值只能通过 return 语句返回主调函数。

(1) 函数返回值的形式如下：

```
① return(表达式);                    //有返回值
② return 表达式;                     //有返回值
```

此处，①、②两种返回值形式是等价的，但为了程序的可读性，我们一般采用形式①。同时，此处的表达式为任意表达式。

(2) 函数返回值的功能如下：

① 用于终止一个函数。

② 返回其后表达式计算的值赋给主调函数。

说明：函数中可以有多个 return 语句，但每次调用只能有一个 return 语句被执行，因此只能返回一个函数值。

5. 无参数有返回值函数

1）函数定义

(1) 定义格式如下。

```
返回值数据类型　函数名(void)
{
  变量声明部分
```

执行部分
return(表达式);
}

(2) 定义说明如下。

① “返回值数据类型”与“return(表达式);”中表达式计算出来的值的数据类型一致。如果两者不一致,则以“返回值数据类型”为准,自动进行类型转换,例如,

```
int f()                    //函数返回值的数据类型为 int
{
  return 2.5;              //return 表达式的值的数据类型为 double
}
```

函数 f 的返回值是 2,而不是 2.5。

② 定义函数时,有“返回值数据类型”,则函数体内必须要有“return(表达式);”语句,不然,编译环境会报错,例如,

```
float f()                  //函数返回值数据类型为 float
{
  float f1,f2;
  f1=f2+2.5;
  printf("%f",f1);
}                          //函数中没有 return 语句,错误
```

改为正确的形式:

```
float f()                  //函数返回值数据类型为 float
{
  float f1,f2;
  f1=f2+2.5;
  return f1;               //return 语句
}
```

③ 如果“返回值数据类型”为整型,则在函数定义时可以省去类型说明。

```
int f()                    //函数返回值数据类型为 int,可以省略
{
  return 2.5;              //return 表达式的值为 double
}
```

或者为

```
f()                        //省略函数返回值数据类型,其类型为 int
{
```

```
    return 2;                    //return 表达式的值为 2
}
```

2）函数声明

返回值数据类型　函数名( )；或　返回值数据类型　函数名()；

3）函数调用

函数名()；或　变量＝函数名()；

4）函数用途

此类函数用于完成某项固定的处理任务，执行完成后向调用者返回函数值。

5）函数举例

例如，采用无参数有返回值函数类型编写一函数，函数功能为求 1 到 100 的和。

```
#include<stdio.h>
int sum100(void);               //函数声明①
void main( )                    //主调用函数
{
  int c;
  c=sum100( );                  //函数调用
  printf("1 到 100 的和为:%d\n",c);
  printf("1 到 100 的和为:%d\n",sum10( ));
}
int sum100(void)                //函数定义②,被调用函数
{
  int i,s=0;
  for(i=1;i<=100;i++)
    s=s+i;
  return s;
}
```

输出结果：

1 到 100 的和为:5050

1 到 100 的和为:5050

6. 函数参数

1）形式参数和实际参数

函数的参数分为形式参数（简称形参）和实际参数（简称实参）两种。

（1）形参：出现在函数定义中，在函数名后的括号内进行定义，若有多个形参，以逗号分隔。形参只能是变量，不能为常量，在整个函数体内都可以使用，离开该函数则不能使用。

```
void f(int a,int b)          //函数定义,a,b为形参
{                            //a,b只能在函数体内使用
  int c;                     //c不是形式参数
  c=a+b;
  pirntf("%d",c);
}
```

(2) 实参:出现在主调函数中,在函数调用时,在函数名后面的括号内使用。进入被调函数后,实参变量也不能使用。

```
void main( )
{
  int x=5,y=6;
  f(3,4);                    //函数调用,3、4为实参
  f(x,y);                    //函数调用,x、y为实参
}
```

2) 形参和实参的功能

形参和实参的功能:数据传送。定义函数时,有n个形参,那么函数调用时就应该有n个实参与之相对应。发生函数调用时,将实参1的值赋值给形参1,实参2的值赋值给形参2,…,实参n的值赋值给形参n。

实参1 -> 形参1

实参2 -> 形参2

⋮

实参n -> 形参n

实参和形参在数量、类型和顺序上应严格一致,否则会发生类型不匹配的错误。

函数定义:

```
void fun(float a ,float b,float c)
{
  float x;
  x=a+b+c;
  printf("%f",x);
}
void fun(float a,float b,float c);   //声明
void main( )
{
  fun(5.6);                          //数量错误,形参有3个
  fun(5,3,4);                        //类型错误,形参为实型
```

```
    fun(5.6,3.14,8.5);                   //正确
  }
```

3）形参和实参的使用说明

(1) 形参变量只有在被调用时才分配内存单元，在调用结束时，即刻释放所分配的内存单元。因此，形参只有在函数内部有效。函数调用结束返回主调函数后则不能再使用该形参变量。

(2) 实参可以是常量、变量、表达式、函数等，无论实参是何种类型的量，在进行函数调用时，它们都必须具有确定的值，以便把这些值传送给形参。

```
void main( )
{
  int x=5,y=6;
  f(3,4);                            //实参 3、4 为常量
  f(x,y);                            //实参 x、y 为变量
  f(x,3);                            //同一函数内调用，实参类型可不一样
  f(f(3,4),x+y)                      //实参可以为函数、表达式
}
```

(3) 函数调用中发生的数据传送是单向的，即只能把实参的值传送给形参，而不能把形参的值反向地传送给实参。

7. 有参数无返回值函数

1）函数定义

void　函数名(类型符 1　形参名 1，类型符 2　形参名 2，… ，类型符 n　形参名 n)

{

　变量声明部分

　执行部分

}

其中，类型符为形参变量的数据类型。

2）函数声明

void 函数名(类型符 1　形参名 1，类型符 2　形参名 2，… ，类型符 n　形参名 n)；

或

void 函数名(类型符 1，类型符 2，… ，类型符 n)；

3）函数调用

函数名(实参 1，实参 2，…，实参 n)；

4）函数用途

此类型的函数主要是根据形参的值来进行某种事务的处理。灵活性上要比无形参的函数强，它更能体现调用函数与被调函数之间的数据联系。

5）函数举例

采用有参数无返回值函数类型编写一函数，函数功能为求任意两数的和。

```
#include<stdio.h>
void sum10(int st,int ed);            //函数声明①
void main( )                          //主调用函数
{
  sum10(1,100);                       //函数调用③
  sum10(50,100);
}
void sum10(int st,int ed)             //函数定义②
{
  int i,s=0;
  for(i=st;i<=ed;i++)
    s=s+i;
  printf("%d到%d的和为:%d\n",st,ed,s);
}
```

输出结果：

1 到 100 的和为:5050

50 到 100 的和为:3825

8. 有参数有返回值函数

1）函数定义

返回值类型符　函数名(类型符 1　形参名 1,… ,类型符 n　形参名 n)

{

　变量声明部分

　执行部分

}

2）函数声明

返回值类型符　函数名(类型符 1　形参名 1,… ,类型符 n　形参名 n);

或

返回值类型符　函数名(类型符 1,类型符 2,…,类型符 n);

3）函数调用

函数名(实参 1,实参 2,…,实参 n);

或

变量名＝函数名(实参 1,实参 2,…,实参 n);

4）函数用途

此类型的函数主要是根据形参的值来进行某种事务的处理，同时可将处理后的结果返回给调用函数。它最能体现调用函数与被调函数之间的数据联系。

5）函数举例

采用有参数有返回值函数类型编写一函数，函数功能为求任意两数的和。

```
#include<stdio.h>
int sum100(int st,int ed);                   //函数声明
void main( )
{
  int c;
  c=sum100(sum100(1,10),200)+500;      //函数调用
  printf("%d,%d\n",sum100(1,100),sum100(50,100));
  printf("c=%d",c);
}
int sum100(int st,int ed)                    //函数定义
{
  int i,s=0;
  for(i=st;i<=ed;i++)
    s=s+i;
  return s;
}
```

输出结果：

5050,3825

c=19115

任务分析

1. 从用户角度分析

输入：4896。

输出：4896 有四位数，分离各位数为 4、8、9、6。

2. 从程序员角度分析

算法设计如图 7-1 所示。

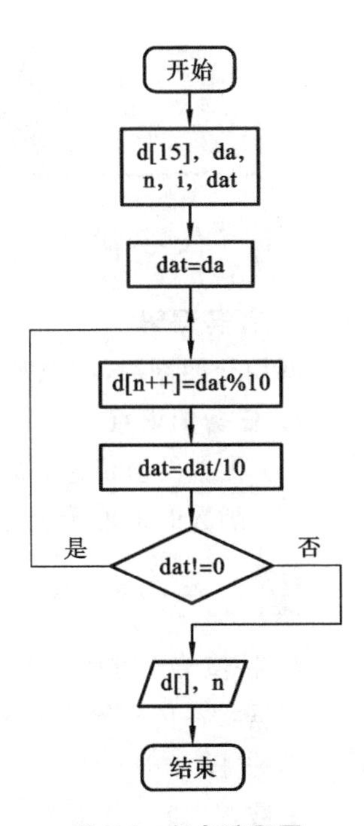

图 7-1　任务流程图

程序编写

```
#include<stdio.h>
void depart(int da);
#include<stdio.h>
void depart(int da);            //声明分离函数
void main( )
{
```

```
    int data;
    printf("请输入一个整数:");
    scanf("%d",&data);
    depart(data);              //调用分离函数
}
void depart(int da)           //定义分离函数
{
    int d;15],n=0,dat,i;
    dat=da;                    //dat 保护原始数 da 不被破坏
    do{
        d[n++]=dat%10;         //每次循环得到低位数,存放到数组中
        dat=dat/10;            //去掉低位数
    }while(dat!=0);
    printf("%d 有%d 位,",da,n);
    printf("分离各位数为:");
    for(i=n-1;i>=0;i--)
      printf("%d ",d[i]);
}
```

任务二　在主函数中调用交换函数以比较两个数的大小

任务描述

1. 任务理解

调用交换函数,注意观察输出结果。

2. 任务知识点

(1) 函数的值传递方式。

(2) 函数的地址传递方式。

基本知识

1. 按值传送方式

根据实参传送给形参值的不同,通常有值传送方式和地址传送方式两种。

1) 过程

函数调用时,为形参分配单元,并将实参的值复制到形参中;调用结束,形参单元被释放,实参单元仍保留并维持原值。

2）特点

(1) 形参与实参占用不同的内存单元。

(2) 实参给形参单向传递数据。

3）举例

编写100以内任意数字平方的函数(按值传送方式)。

```
#include<stdio.h>
void square(int st);          //函数声明①
void main( )
{
  int c=5;
  square(c);                  //函数调用③
  printf("c=%d",c);
}
void square(int st)           //函数定义②
{
  st=st * st;
}
```

输出结果：

c=5

当程序执行到"square(c);"时，系统找到square函数定义处，为形参st分配内存空间，并将c的值5传送给形参st，系统再往下执行square函数体st=st * st，可得st=25，square函数体执行完之后，释放st的内存空间，则st的值也随之释放，因此，c的值仍保留并维持原值5。

2. 按地址传送方式

1）过程

函数调用时，将数据的存储地址作为参数传送给形参。

2）特点

(1) 形参与实参占用同样的存储单元。

(2) 双向传递。

(3) 实参和形参必须是地址常量或变量。

3）举例

编写100以内任意数字平方的函数(按地址传送方式)。

```
#include<stdio.h>
void square(int &st);         //函数声明
void main( )
```

```
{
  int c=5;
  square(c);                    //函数调用,实参为变量
  printf("c=%d",c);
}
void square(int &st)            //函数定义,形参为地址
{
  st=st*st;
}
```

输出结果：

c=25

3. 数组作为函数参数

数组可以作为函数的参数使用,进行数据传送。数组用于函数参数有两种形式:一种是把数组元素作为实参使用;另一种是把数组名作为函数的形参和实参使用。

1）数组元素作为函数参数(按值传送方式)

在前面讲过,数组元素就相当于变量,那么数组元素作为函数参数的使用,就跟变量作为函数参数的使用一样。

例如,用数组元素作为函数参数编写一整数数组中所有大于 10 的数之和。

```
#include<stdio.h>
int moreth10(int x)
{
  if(x>10)  return x;
  else  return 0;
}
void main( )
{
  int c[6]={13,6,12,10,23,5},i,s=0;
  for(i=0;i<6;i++)
    s=s+moreth10(c[i]);      //数组元素作为参数
  printf("s=%d",s);
}
```

输出结果：

s=48

2）数组名作为函数参数(按地址传送方式)

数组名就是数组的首地址,将数组名作为函数参数进行数据传送,传送的是地

址，相当于把实参数组的首地址赋给形参数组名。形参数组名取得该首地址之后，也就等于有了实在的数组。实际上是形参数组和实参数组为同一数组，共同拥有一段内存空间。

例如，用数组名作为函数参数编写一整数数组中所有大于 10 的数之和。

```
#include<stdio.h>
int moreth10(int x[])          //数组作为形参
{
  int s=0,i;
  for(i=0;i<6;i++)
  {
    if(x[i]>10)
      s=s+x[i];
  }
  return s;
}
void main( )
{
  int c[6]={13,6,12,10,23,5},n;
  n=moreth10(c);               //数组名作为实参
  printf("n=%d",n);
}
```

输出结果：

n＝48

4. 变量的作用域和生存期

1）变量的作用域

（1）定义。

变量的作用域即变量的作用范围（或有效范围）。

在前面讲的形参变量只在被调用期间才分配内存单元，调用结束立即释放内存，那么形参变量只有在函数内才是有效的，离开该函数就不能再使用了，形参变量的作用域范围就是在该函数内。

（2）分类。

C 语言中所有的变量都有自己的作用域，变量说明的方式不同，其作用域也不同。C 语言中的变量，按作用域范围可分为两种，即局部变量和全局变量。

局部变量：在函数内作定义说明的变量。形参变量为局部变量。

全局变量：在函数外部进行定义说明的变量，也称为外部变量。它不属于某一个函数，而属于一个源程序文件。

2）变量的生存期

（1）定义。

变量的生存期是指变量从被生成到被撤销的这段时间，实际上就是变量占用内存的时间。

（2）分类。

按其生存期可分为两种，即动态变量和静态变量。

动态变量：是指在程序运行期间根据需要进行动态分配存储空间的变量。

静态变量：是指在程序运行期间分配固定存储空间的变量。

3）作用域与生存期的关系

（1）变量的作用域是从空间角度体现变量的特性的，变量的生存期是从时间角度体现变量的特性的。

（2）用户存储空间可以分为三个部分，即程序区、静态存储区、动态存储区。根据变量的作用域与生存期，将变量分为以下四类。

① 局部动态变量是在函数内定义的变量，它的生存期为被调用期间分配内存单元开始到调用结束立即释放，存储在动态存储区。

② 局部静态变量是在函数内定义的变量，程序运行期间分配固定的存储空间，直到程序运行结束才释放，存储在静态存储区。

③ 全局变量是在函数外部定义的变量，程序运行期间分配固定的存储空间，直到程序运行结束才释放，存储在静态存储区。

④ 全局静态变量，只在定义的源程序文件中有效。

5. 局部变量

局部变量分为局部动态变量和局部静态变量。

1）局部动态变量

（1）定义。

[auto] 数据类型说明符 变量名 1,…,变量名 n;

例如，

```
void main( )
    {
      auto int a,b; //a,b为局部动态变量
      程序代码段
    }
```

a、b的作用域范围（指 { 至 } 部分）

（2）作用域：局部动态变量的作用域从定义的地方开始，到这个函数结束或到这个复合语句结束。局部动态变量的生存期从函数被调用的时刻到函数返回调用处的时刻。

(3) 说明。

① auto 类型说明符可以省略,前面介绍的在函数内部定义的所有变量都是局部动态变量。

```
void fun()                          void fun()
{                                   {
  auto int i,j,k;    <—— 等价 ——>     int i,j,k;
    …                                 …
}                                   }
```

② auto 类型变量只能在函数内或复合语句中定义。

```
auto int i;          //错误,不可定义在函数外
void fun( )
{
  auto int k;        //正确,k 为局部动态变量
  int j;             //正确,j 为局部动态变量
  …
}
```

③ 主函数 main 中定义的变量也是局部动态变量;形参变量属于被调函数的局部动态变量;在复合语句中定义的变量也是局部动态变量等。

```
#include<stdio.h>
void main( )
{                    //main( )中的局部动态变量 a,其作用域为整个 main 函数
  int a=2;
  {
    int k,b;         //复合语句中的局部动态变量 k,b
    k=a+5;           //使用 main( )中的局部动态变量 a
    b=a*5;
    printf("k=%d\n",k);
    printf("b=%d\n",b);
  }
  a=k+2;             //错误,k 的作用域在复合语句范围内
}
```

④ 允许在不同的函数中使用相同的变量名,它们代表不同的对象,分配不同的单元,互不干扰,也不会发生混淆。

```
void fun()
{
```

```
  int i=7,j=9;
  printf("fun:%d,%d\n",i,j);
}
void main()
{
  int i=3,j=5;
  printf("main:%d,%d\n",i,j);
  fun();
}
```

输出结果：

main:3,5

fun:7,9

2) 局部静态变量

(1) 定义。

static　　数据类型说明符　变量名 1,…,变量名 n;

例如，

```
void main()
{
  static int a,b;  //a,b 为局部静态变量
  程序代码段
}
```

(2) 作用域。

局部静态变量的作用域从定义的地方开始，到这个函数结束或到这个复合语句结束，但局部静态变量的生存期为当前整个源程序。

```
viod fun();
void main()
{
  int s;
  s=2*i;
  …
}
void fun()
{
  static int i;
  …
}
```

只要调用了 fun 函数,i 就一直存在于静态内存区中,直到程序运行结束,但 i 的作用域仍然只局限于 fun 函数内。

(3) 说明。

① 局部静态变量类型说明符为 static。

② 局部静态变量若在定义时未赋初值,则系统自动赋初值 0。

```
#include<stdio.h>
void main()
{
  static int i;
  printf("%d",i);
}
```

输出结果:

0

③ 局部静态变量赋初值只进行一次,而局部动态变量赋初值可以进行多次。

```
#include<stdio.h>
void main()
{
  int i;
  for(i=0;i<3;i++)
  {
    static int j=2;
    int k=2;
    printf("%d,%d\n",j++,k++);
  }
}
```

输出结果:

2,2

3,2

4,2

6. 全局变量

全局变量又可分为全局非静态变量和全局静态变量。

1) 全局非静态变量

全局非静态变量也称为全局变量或外部变量。在函数外部定义的变量,它不属于哪一个函数,而属于一个源程序文件。

(1) 定义。

[extern] 类型说明符 全局变量名1[=初始值1=,…,
全局变量名n[=初始值n];

定义说明:

① “[extern]”表示可选项,可以省略。

② “全局变量名1;=初始值1]”表示在定义变量时可以赋初值,也可以不赋初值,并可以同时定义多个全局变量。

③ 全局变量的定义必须在所有的函数之外,且只能定义一次。

```
#include<stdio.h>
extern int a,b;                    //函数外部定义全局变量a,b
int s=45;                          //函数外部定义全局变量s,并赋初值45
void main()
{
  ⋮
}
int s;                             //错误,s只能定义一次
```

(2) 作用域。

从定义变量的位置开始到本源文件结束,以及有extern说明的其他源文件。

文件Llj1.cpp

```
void func();              //声明外部函数
int a,b;                  //全局变量a、b
void main()
{
  a=3,b=24;
  func();
  printf("a=%d,b=%d",a,b);
}
```

a、b作用域

文件Llj2.cpp

```
extern int a,b;              //extern说明
void func()
{
  a=a+10;
  b=b+10;}
int c=a+b;
```

a、b作用域

在文件Llj1.cpp中定义全局变量a、b,那么a、b的作用域就是从定义的地方

开始到文件 Llj1. cpp 结束；若要在文件 Llj2. cpp 中使用文件 Llj1. cpp 中定义的全局变量 a、b，则需要在文件 Llj2. cpp 中作“extern int a，b”说明，那么 a、b 的作用域在文件 Llj2. cpp 中从说明的地方开始到文件 Llj2. cpp 结束。

(3) 全局非静态变量使用说明。

① 应尽量少使用全局变量，全局变量在程序全部执行过程中始终占用存储单元，这样会降低函数的独立性、通用性、可靠性及可移植性，而且使得程序清晰度差，容易出错。

② 若外部变量与局部变量同名，则外部变量被屏蔽，要引用全局变量，因此必须在变量名前加上两个冒号“::”。

```
#include <stdio.h>
int s=5;                              //全局变量
void main( )
{
  int s=25;                           //局部变量,与全局变量同名
  printf("局部变量: %d\n",a);
  printf("全局变量:%d\n",::a);
}
```

输出结果：

局部变量：25

全局变量：5

2) 全局静态变量

在全局变量之前加 static 就构成了全局静态变量。

全局变量改变为静态变量就改变了它的作用域，限制了它的使用范围。当一个源程序由多个源文件组成时，非静态的全局变量可通过外部变量说明使其在整个源程序中都有效。而静态全局变量只在定义该变量的源文件内有效，在同一源程序的其他源文件中不能通过外部变量说明来使用它。

pp1. cpp

```
int a,b;                              //全局非静态变量
static char ch;                       //全局静态变量
void main()
{
  ⋮
}
```

pp2. cpp

```
extern int a,b;                       //正确
```

```
extern char ch;                          //错误,只在 pp1 中有效
int func(int x,int y)
{
  ⋮
}
```

任务分析

1. 从用户角度分析

输入:56、34。

输出:34、56。

2. 从程序员角度分析

函数的返回值只能返回一个值,交换函数最少两个值,想要函数传值行不通,函数参数只能是变量地址,通过地址传递方式,交换两个变量的值(按地址传送方式,也可以按全局变量方式)。

程序编写

方法一(按地址传送方式)

```
#include<stdio.h>
void swap(int &a,int &b);
void main( )
{
  int x1,x2;
  scanf("%d%d",&x1,&x2);
  if(x1>x2) swap(x1,x2);
  printf("%d%d",x1,x2);
}
void swap(int &a,int &b)
{
  int c;
  c=a;
  a=b;
  b=c;
}
```

方法二(按全局变量方式)

```
#include<stdio.h>
int x1,x2;                              //定义两个全局变量
```

```
void swap();
void main( )
{
  scanf("%d%d",&x1,&x2);
  if(x1>x2) swap();
  printf("%d%d",x1,x2);
}
void swap()
{
  int c;
  c=x1;
  x1=x2;
  x2=c;
}
```

知识拓展

函数应用举例。

例 7.1 编写一函数,求 x 的 n 次方,其中 n 为整数。

输入:3、2。

输出:9。

编写程序如下:

```
#include<stdio.h>
float power(float a,int b);
void main( )
{
  int n;
  float x,y;
  scanf("%f%d",&x,&n);
  y=power(x,n);
  printf("%f",y);
}
float power(float a,int b)
{
  float pw=1;
  int i;
  for(i=0;i<b;i++)
    pw*=a;
```

```
    return pw;
  }
```

例 7.2 输入 4 个整数，找出其中最大的数，用一个函数实现。

输入:45、56、14、78。

输出:78。

编写程序如下：

```
#include<stdio.h>
int findMax(int a,int b,int c,int d);
int fMax(int x,int y);
void main( )
{
  int a1,a2,a3,a4,max;
  scanf("%d%d%d%d",&a1,&a2,&a3,&a4);
  max=findMax(a1,a2,a3,a4);
  printf("max=%d",max);
}
int findMax(int a,int b,int c,int d)      //函数中调用函数
{
  int m;
  m=fMax(a,b);                            //找出 a,b 中最大
  m=fMax(m,c);                            //找出 a,b,c 中最大
  m=fMax(m,d);                            //找出 a,b,c,d 中最大
  return m;
}
int fMax(int x,int y)
{
  if(x>y)return x;
  else return y;
}
```

例 7.3 求两组数{12,25,58,56,54}{47,48,68,96,32,12,58}的平均数，要求采用函数。

输入:无。

输出:av1=41,av2=51。

编写程序如下：

```
#include<stdio.h>
int aver(int a[],int n);                  //数组作为函数参数
void main( )
```

```
{
  int a1[5]={12,25,58,56,54};
  int a2[7]={47,48,68,96,32,12,58};
  int av1,av2;
  av1=aver(a1,5);
  av2=aver(a2,7);
  printf("av1=%d,av2=%d",av1,av2);
}
int aver(int a[],int n)
{
  int i,sum=0;
  for(i=0;i<n;i++)
  sum+=a[i];
  return sum/n;
}
```

项目实施

项目分析

1. 从用户角度分析

输入、输出如图 7-2 所示。

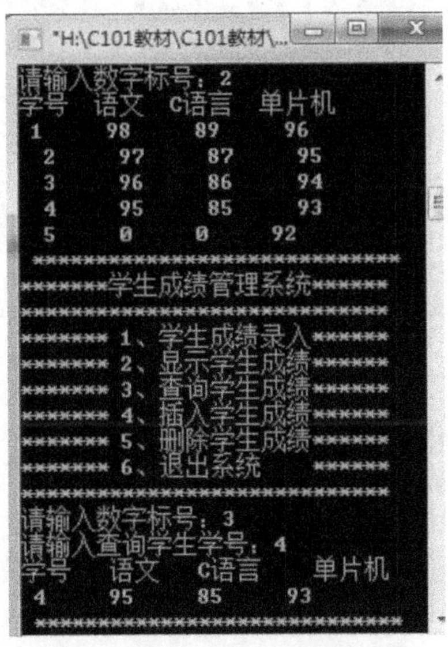

图 7-2 学生成绩查询的输入、输出

2. 从程序员角度分析

根据函数的定义和函数的四种形式，学生成绩录入、学生成绩显示可以定义为无返回值无参数函数，根据学号查询学生可以定义为无返回值有参数函数，将学生学号作为函数参数。

程序编写

```
#include<stdio.h>

#include<stdlib.h>
void average(int a[],int n);        //计算平均成绩函数
void scoreinput();                  //学生成绩录入函数
int maxNum();                       //查找学生课程成绩录入最多人数函数
void scoredisplay();                //学生成绩显示函数
void scoreFind(int n);              //学生成绩查询函数

int t1=0,t2=0,t3=0,a11[100],a12[100],a13[100];
void main( )
{
  int a3,a5;
  int i;
  do {
      printf("************************\n");
      printf("******学生成绩管理系统******\n");
      printf("************************\n");
      printf("******* 1、学生成绩录入******\n");
      printf("******* 2、显示学生成绩******\n");
      printf("******* 3、查询学生成绩******\n");
      printf("******* 4、插入学生成绩******\n");
      printf("******* 5、删除学生成绩******\n");
      printf("******* 6、退出系统******\n");
      printf("************************\n");
      printf("请输入数字标号:");
      scanf("%d",&i);
      switch(i)
      {
       case 1:scoreinput();
              break;
       case 2:printf("学号   语文   C语言   单片机\n");
```

```
                scoredisplay();
                break;
            case 3:printf("请输入查询学生学号:");
                scanf("%d",&a3);
                printf("学号  语文  C语言  单片机\n");
                scoreFind(a3);
                break;
            case 4:break;
            case 5:printf("请输入删除学生学号:");
                scanf("%d",&a5);
                break;
            case 6:exit(0);
        }
    }while(1);
}
/***********************************/
/********计算学生平均成绩函数******/
/********函数参数:int a[],int***/
/********函数返回值:无 **********/
/***********************************/
void average(int a[],int n)
{
  int i;
  int sum=a[0],aver,max=a[0],min=a[0];
  for(i=1;i<n;i++)
  {
    sum+=a[i];
    if(a[i]>max)max=a[i];
    if(a[i]<min)min=a[i];
  }
  aver=sum/n;
  printf("平均值为:%d,最大值:%d,最小值:%d\n",aver,max,min);
}
/***********************************/
/********学生成绩录入函数**********/
/********函数返回值:无*************/
/***********************************/
void scoreinput()
```

```
{
  int a1;
  do {
      printf("* * * * * * * * * * * * * * * * * * * * * * * *\n");
      printf("* * * * 1、语文成绩 * * * * *\n");
      printf("* * * * 2、C 语言成绩 * * * *\n");
      printf("* * * * 3、单片机成绩 * * *\n");
      printf("* * * * 4、返回上一级 * * *\n");
      printf("* * * * * * * * * * * * * * * * * * * * * * * *\n");
      printf("请输入课程标号:");
      scanf("%d",&a1);
      switch(a1)
      {
        case 1: printf("请输入语文成绩(输入 0 作为结束):");
                do {
                   scanf("%d",&a11[t1]);
                }while(a11[t1++]!=0);
                average(a11,t1-1);
                break;
        case 2:printf("请输入 C 语言成绩(输入 0 作为结束):");
                do {
                   scanf("%d",&a12[t2]);
                }while(a12[t2++]!=0);
                average(a12,t2-1);
                break;
        case 3:printf("请输入单片机成绩(输入 0 作为结束):");
               do {
                    scanf("%d",&a13[t3]);
                  }while(a13[t3++]!=0);
                average(a13,t3-1);
                break;
        case 4:break;
        default:printf("您输入的不是 1~4 数字标号,请重新输入!\n");
      }
    }while(a1!=4);
  t1=t2=t3=maxNum();
}
/* * * * * * * * * * * * * * * * * * * * * * * * * * * * * * * * * * * * */
```

```
/********学生成绩显示函数**********/
/********函数返回值:无************/
/*********************************/
void scoredisplay()
{
  int i;
  for(i=0;i<t1;i++)
  {
    printf(" %d  %d  %d  %d\n ",i+1,a11[i],a12[i],a13[i]);
  }
}
/*********************************/
/**查找学生课程成绩输入最大个数函数**/
/********函数返回值:max ************/
/*********************************/
int maxNum()
{
  int max=t1-1;
  if(max<t2-1)max=t2-1;
  if(max<t3-1)max=t3-1;
  return max;
}

/*********************************/
/********学生成绩查询函数**********/
/********函数参数:int **********/
/********函数返回值:无 *********/
/*********************************/
void scoreFind(int n)
{
  printf(" %d  %d  %d  %d\n ",n,a11[n],a12[n],a13[n]);
}
```

知识小结

(1) 函数就是把一些实现某一功能的代码段组合在一起,并为其命名,以方便多次重复调用。一个 C 语言函数,在程序中执行有效,需要由函数定义、函数声明、函数调用三部分组成。

(2) main 函数是主函数，它可以调用其他函数，而不允许被其他函数调用。因此，C 语言程序的执行总是从 main 函数开始，完成对其他函数的调用后再返回到 main 函数，最后由 main 函数结束整个程序。

(3) 函数的返回值是指函数被调用之后，执行函数体中的程序段，并返回给主调函数的值。

(4) 函数返回值功能：① 用于终止一个函数；② 返回其后表达式计算的值给主调函数。

(5) 函数的参数分为形式参数(简称形参)和实际参数(简称实参)两种。

① 形参：出现在函数定义中，在函数名后的括号内定义，若有多个形参，以逗号分隔，形参只能为变量，不能为常量，在整个函数体内都可以使用，离开该函数则不能使用。

② 实参：出现在主调函数中，在函数调用时，在函数名后面的括号内使用。进入被调函数后，实参变量也不能使用。

(6) 函数按值传送方式：函数调用时，为形参分配单元，并将实参的值复制到形参中；调用结束，形参单元被释放，实参单元仍保留并维持原值。

(7) 按地址传送方式：调用函数时，将数据的存储地址作为参数传送给形参。

(8) C 语言中的变量，按作用域范围可分为两种；局部变量和全局变量。

(9) 变量按其生存期可分为两种：动态变量和静态变量。动态变量是在程序运行期间根据需要进行动态分配存储空间的变量。静态变量是在程序运行期间分配固定存储空间的变量。

习　题　七

一、填空题

1. C 语言规定，可执行程序的开始执行点是________。

2. 在 C 语言中，一个函数一般由两个部分组成，他们是________和________。

3. 以下函数的功能是求 x 的 y 次方，请填空。

```
double fun(double x,int y)
{ int i;
  double z;
  for(i=1,z=x;i<y;i++) z=z * ________;
  return z;
}
```

二、选择题

1. 在C语言中,当调用函数时,________。

A. 实参和形参各占一个独立的存储单元

B. 实参和形参共用存储单元

C. 可以由用户指定实参和形参是否共用存储单元

D. 由系统自动确定实参和形参是否共用存储单元

2. 以下函数调用语句中实参的个数为________。

```
exce((v1,v2),(v3,v4,v5),v6);
```

A. 3　　B. 4　　C. 5　　D. 6

3. 如果在一个函数的复合语句中定义了一个变量,则该变量________。

A. 只在该符合语句中有效,在该符合语句外无效

B. 在该函数中任何位置都有效

C. 在本程序的源文件范围内均有效

D. 此定义方法错误,其变量为非法变量

4. C语言允许函数值类型缺省定义,此时该函数值隐含的类型是________。

A. float型　　B. int型　　C. long型　　D. double型

5. C语言规定,函数返回值的类型是由________。

A. return语句中的表达式类型所决定的

B. 调用该函数时的主调函数类型所决定的

C. 调用该函数时系统临时决定的

D. 在定义该函数时所指定的函数类型决定的

6. 在C语言程序中,以下描述正确的是________。

A. 函数的定义可以嵌套,但函数的调用不可以嵌套

B. 函数的定义不可以嵌套,但函数的调用可以嵌套

C. 函数的定义和函数的调用均不可以嵌套

D. 函数的定义和函数的调用均可以嵌套

7. 以下叙述中正确的是________。

A. 全局变量的作用域一定比局部变量的作用域范围大

B. 静态(static)变量的生存期贯穿于整个程序的运行期间

C. 函数的形参都属于全局变量

D. 未在定义语句中赋初值的auto变量和static变量的初值都是随机值的

8. 以下程序的运行结果是________。

```
#include<stdio_h>
void sub(int s[],int y)
```

```
{ static int t=3;
  y=s[t];t--;
}
void main( )
{ int a[]={1,2,3,4},i,x=0;
  for(i=0;i<4;i++){
    sub(a,x);printf("%d",x);}
  printf("\n");
}
```

A. 1234　　B. 4321　　C. 0000　　D. 4444

9. 以下程序的运行结果是________。

```
void main( )
{
  int w=5;fun(w);printf("\n");
  fun(int k);
  if(k>0) fun(k-1);
  printf(" %d",k);
}
```

A. 5 4 3 2 1　　B. 0 1 2 3 4 5　　C. 1 2 3 4 5　　D. 5 4 3 2 1 0

10. 以下所列的各函数首部中,正确的是________。

A. void play(vat a:Integer,var b:Integer)

B. void play(int a,b)

C. void play(int a,int b)

D. Sub play(a as integer,b as integer)

11. 当调用函数时,实参是一个数组名,则向函数传送的是________。

A. 数组的长度　　B. 数组的首地址

C. 数组每一个元素的地址　　D. 数组每个元素中的值

12. 在调用函数时,如果实参是简单变量,则它与对应形参之间的数据传送方式是________。

A. 地址传送

B. 单向值传送

C. 由实参传送给形参,再由形参传回实参

D. 传送方式由用户指定

13. 以下函数值的类型是________。

```
fun(float x)
```

```
{ float y;
  y=3 * x-4;
  return y;
}
```

A. int　　　　B. 不确定　　　　C. void　　　　D. float

14. 建立函数的目的之一是________。

A. 提高程序的执行效率　　　　B. 提高程序的可读性

C. 减少程序的篇幅　　　　D. 减少程序文件所占内存

三、编程题

1. 设计一个函数，计算两个自然数的最大公约数。

2. 设计一个函数 float ave(int a[10])，计算数组 a 所有元素的平均值。

3. 用选择排序法对数组中 10 个整数按升序排序(要求将排序功能设计成函数，数组名作为参数)。

4. 编写一个函数，判断某个大于 2 的正整数是否为素数。

5. 在主函数中，由键盘输入一行小写英文字母，然后编写一个函数来实现以下功能：

(1) 统计其中有多少种不同的字母；

(2) 统计每种字母出现的次数；

(3) 在主函数中打印结果。

6. 编写一个函数，求三个整数的最大值。

7. 编写一个函数，判断某数是否为“水仙花数”。所谓“水仙花数”是指一个三位数，其各位数字立方和等于该数本身。例如，153 是一个水仙花数，因为 $153=1^3+5^3+3^3$。

8. 编写一个函数，使给定的一个二维数组(3×3)转置，即行列互换。

项目八
学生成绩管理系统学生信息的插入和删除

本项目主要讲解了指针的概念、指针的使用方法、指针与数组的关系，以及利用指针动态分配内存空间。最后对本项目的项目实施进行讲解。

项目重点、难点

(1) 指针的概念。

(2) 指针的使用方法。

(3) 指针作为函数参数。

(4) 指针与数组。

(5) 利用指针动态分配内存空间。

任务一　用指针实现比较三个整数的大小

任务描述

1. 任务理解

(1) 要使用交换函数，采用地址传送方式。

(2) 要求用指针实现。

2. 任务知识点

(1) 指针的理解。

(2) 指针的使用方法。

基本知识

1. 指针的概念

1) 什么是指针？

变量在计算机内占有一块内存空间，每块内存空间都有一个内存地址编号，变量的值就存放在这块内存空间之中，在计算机内部，通过访问或修改这块内存空间的内容来访问或修改相应的变量。

先举例说明，有一栋五层的教学楼，为了方便每个教室的使用，我们根据楼层给每个教室编号，第一层编号为101、102、103，第二层编号为201、202、203，依次类推到第五层且每个编号独一无二；根据编号安排课表，学生可以根据编号很快找到自己上课的教室，每间教室相当于内存空间，每个教室的编号就相当于内存地址，那么指针就是内存地址，相当于每个教室的编号，如图8-1所示。

501	502	503	第五层
401	402	403	第四层
301	302	303	第三层
201	202	203	第二层
101	102	103	第一层

图8-1　教学楼楼层

2）为什么要学习指针？

我们知道指针就是地址，那么，为什么要学习指针？

(1) 提高程序的编译效率和执行速度。如参数传送时，传送4个字节的指针就比直接传送100个字节要快得多。

(2) 能方便而有效地使用数组。通过指针可使用主调函数和被调函数之间共享变量或数据结构，便于实现双向数据通信。

(3) 实现动态存储分配并直接操作内存地址，方便内存操作。使用指针时，不一定要连续的内存空间存储数据。

(4) 便于表示各种数据结构，编写高质量的程序。

2. 指针与指针变量

我们要理清前面讲过的概念，内存地址和变量地址。内存地址是内存中存储单元的编号；变量地址是系统分配给变量的内存单元的起始地址。

刚才讲过，指针是地址，既是内存地址，也是变量地址。那么指针就是常量，是地址常量。用于存放地址的变量，我们称其为指针变量，如图8-2所示。

整型变量i的值为10，存储在地址为2000～2001的内存储单元中，我们将首地址2000作为变量地址；变量pi的值为2000，2000指向的是变量i的地址，因此，pi为指针变量。

3. 指针运算符

关于指针的运算符主要有两个：取地址运算符“&”和取指针内容运算符“*”。

(1) 取地址运算符“&”：取变量的地址，为单目运算符，具有从右向左的结合性。如图8-3所示，取变量i的地址可表示为“&i”，“&i”与2000相等。

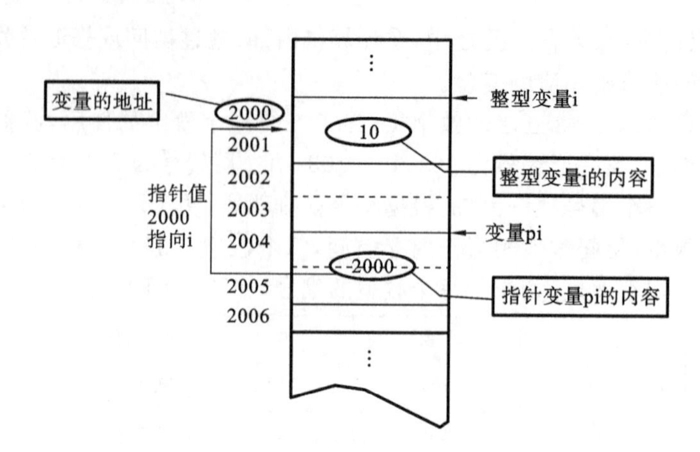

图 8-2　指针内存单元的表示

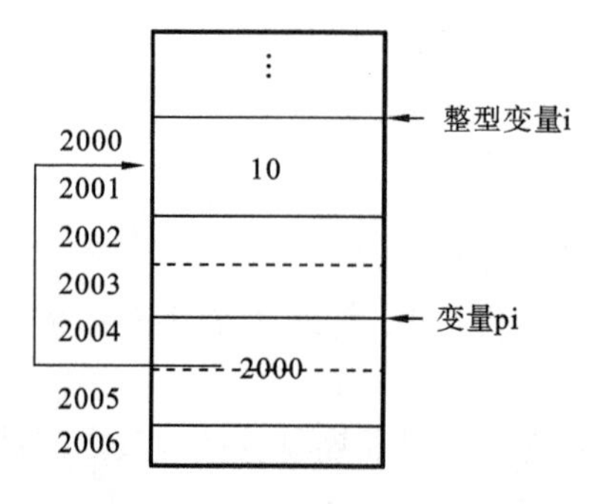

图 8-3　指针运算符的存储

(2) 取指针内容运算符"＊"：取地址所指向内存单元的值，为单目运算符，具有从右向左的结合性。如图 8-3 所示，取指针变量 pi 所指向内存单元的值为"＊pi"，"＊pi"与 i 的内容都为 10。

4. 指针变量的定义

变量值在内存单元中的存取方法有两种：一种是直接存取法，另一种是间接存取法。直接存取法是按变量名存取变量的值，我们之前使用的方法都是直接存取法；间接存取法是通过存放变量地址的指针变量存取变量的值。

```
k=i;             //直接存取法
k=*p;            //间接存取法
```

1) 指针变量定义

一般形式：

[存储类型]　数据类型符　＊变量名；

定义说明：

(1)"[存储类型]"：为可选项，表示指针变量本身的存储类型，如 static、auto 等类型。

(2)"数据类型符"：为指针所指向内存单元内数据的数据类型，如 int、float、char 等。

(3)"＊"：此处的"＊"不是指针运算符，它只表示定义指针变量。

(4)"变量名"：遵循标识符的命名规则。例如，

```
int *p;            //定义指针变量 p,指向整型数据,指针变量名为 p,而不是 * p
float *p1, *p2;    //定义指针变量 p1、p2,指向单精度数据
static char *ch;   //定义静态指针变量 ch,指向字符型数据
```

2) 指针变量注意事项

(1) 指针变量只能指向定义时所规定类型的变量,例如,

```
int a, *p;         //定义整型变量 a 和指向整型变量的指针 p
float b;           //指针变量 p 只能指向整型变量 a,不能指向实型变量 b
```

(2) 指针变量定义后,变量值不确定,应用前必须先赋值,例如,

```
int *p;            //指针变量 p 有值,但是一个不确定的值
```

5. 指针变量的赋值

1) 定义时赋值

一般形式:

[存储类型] 数据类型 * 指针名=初始地址值;

赋值形式 1:用变量地址作为初值。

```
int a;
int *p=&a;                //必须已经定义变量 a,且数据类型与指针变量一致
```

赋值形式 2:用已初始化的指针变量作为初值。

```
int b;
int *p=&b;                //指针变量 p 已初始化
int *q=p;                 //将 p 作为初值赋给 q
```

注意:不能用 auto 变量的地址去初始化 static 型指针,因为 auto 变量的地址为动态随机分配的地址,而 static 变量分配固定地址。例如,

```
int i;
static int *p=&i;         //错误
```

2) 使用赋值语句赋值

赋值形式 1:

```
int a;
int *p;
p=&a;                     //变量 a 与指针变量 p 均已定义,指针 p 指向 a
```

赋值形式 2:

```
int b;
int *p, *q;
```

```
p=&b;                  //指针 p 指向 b
q=p;                   //用已初始化的指针变量 p 作为初值,指针q 也指向 b
```

3）常见指针变量赋值的错误方法

(1) 初始化地址值超出范围,例如,

```
int *p=&b;
int b;                 //错误,变量 b 的定义需在 p 定义之前
```

(2) 初始化地址值的数据类型与指针变量数据类型不一致,例如,

```
int a;
char *p=&a;            //错误,a 为 int,p 为 char,不一致
```

(3) 赋值语句中,被赋值的指针变量前面不能再加"＊"说明符,例如,

```
int a;
int *p;
*p=&a;                 //错误,p 前面不需要再加"＊"
```

6. 指针变量的引用

指针变量的引用一般有四种形式：

(1) 引用指针变量所指向变量的值。

一般形式：

＊变量名＝变量值

例如,

```
int b;
int *p=&b;             //指针变量 p 指向 b
*p=30;                 //引用指针变量,相当于 b=30
```

再如,

```
int a=40;
int *p=&a;             //p 指向 a
a++;                   //a 值变化, *p 也相应变化
printf("%d,%d",a,*p);
```

输出结果：

41,41

(2) 引用指针变量赋值,例如,

```
int a=40;
int *p;
p=&a;                  //给指针变量 p 赋值
```

(3) 引用指针变量的值,例如,

```
int a=40;
int *p=&a;              //p指向a
printf("p=%d",p);       //输出指针变量p的值,也就是变量a的地址
```

(4) 引用指针变量的地址,例如,

```
int *p;
printf("&p=%d",&p);     //输出指针变量p的地址
```

7. 指针变量的定义与引用举例

例 8.1 输入a和b两个整数,按先大后小的顺序输出a和b。

采用指针的方法,不交换两个变量a,b的值,而是交换两个指针变量的值。编写程序如下。

方法一:

```
#include<stdio.h>
void main()
{
  int a,b, *p, *q, *t;
  scanf("%d,%d",&a,&b);
  p=&a,q=&b;
  if(a<b)
  {                                          //交换p,q的值
    t=p;
    p=q;
    q=t;
  }
  printf("a=%d,b=%d",a,b);                   //a,b仍为原值,没有交换
  printf("max=%d,min=%d", *p, *q);           //指针变量的值改变,相当于输出
                                             //b,a的值
}
```

输入12和45,其输出结果:

a=12,b=45

max=45,min=12

输入12和45后,其初始状态如图8-4所示,运行程序之后,其状态如图8-5所示。

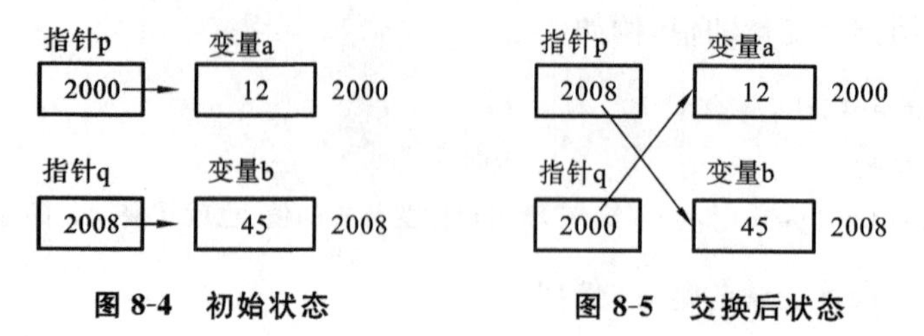

图 8-4　初始状态　　　图 8-5　交换后状态

从如图 8-4 和图 8-5 可以看出，a、b 的值没有改变，改变的是 p、q 的值，而 p 的值是 &a，q 的值是 &b，也就是说交换后，p 指向的是 b，q 指向的是 a，因此 * p 等价于 b，* q 等价于 a。

方法二(指针作为函数参数)：

```
#include<stdio.h>
void swap(int *p,int *q);
void main( )
{
  int a,b, *p1, *q1;
  scanf("%d,%d",&a,&b);
  p1=&a;
  q1=&b;
  if(a<b) swap(p1,q1);
  printf("max=%d,min=%d",a,b)
}
void swap(int *p,int *q)            //定义交换函数
{
  int t;
  t=*p;
  *p=*q;
  *q=t;
}
```

输入 12 和 45，其输出结果：

max=4，min=12

交换函数容易写错的两种形式如下。

形式一：不能通过改变指针形参的值而使指针实参的值得到改变(无法完成交换)。

```
void swap(int *p,int *q)            //定义交换函数
{
  int *t;
```

```
  t=p;
  p=q;
  q=t;
}
```

输入 12 和 45,其输出结果:

max=12,min=45

swap()函数交换的是指针变量 p、q 的值,而不是它们所指向变量的值,同时,p、q 的值交换完之后,swap()函数的内存单元释放,主函数中 p1 和 q1 的值仍未改变。

形式二:可能造成程序崩溃。

```
void swap(int *p,int *q)            //定义交换函数
{
  int *t;                           //指针变量 t 没有赋初值,其值不可预知
  *t=*p;
  *p=*q;
  *q=*t;
}
```

指针变量 t 没有值,其值不确定,因此 t 所指向内存单元也是不确定的,对 t 赋值就是对一个未知的存储单元赋值,而这个未知的存储单元中可能存储着一个有用的数据,这样就有可能破坏系统的正常工作状况,造成程序崩溃。

任务分析

1. 从用户角度分析

输入:1、2、3。

输出:3、2、1。

2. 从程序员角度分析

(1) 函数调用只可以得到一个返回值,而且只能得到一个返回值,题目要求输入 3 个数,至少函数调用一次有两个值返回,我们只能使用指针变量作为函数参数,可以得到多个变化的值。

(2) 将指针变量作为函数参数,交换两个变量的值。

程序编写

```
#include<stdio.h>
void swap(int *p,int *q);
void main()
```

```
{
  int a,b,c;
  int *p1, *p2, *p3;
  scanf("%d%d%d",&a,&b,&c);
  p1=&a;
  p2=&b;
  p3=&c;
  if( *p1< *p2)swap(p1,p2);
  if( *p1< *p3)swap(p1,p3);
  if( *p2< *p3)swap(p2,p3);
  printf("%d,%d,%d",a,b,c);
}
void swap(int *p,int *q)          //定义交换函数
{
  int temp;
  temp= *p;
  *p= *q;
  *q=temp;
}
```

输入1、2、3,其输出结果:

3,2,1

任务二　根据学生成绩,输出平均成绩、最高成绩和最低成绩

任务描述

1. 任务理解

(1) 学生人数不确定,需要动态分配内存空间。

(2) 遍历输入的学生成绩并求和,比较大小,找到最大数和最小数。

(3) 根据学生成绩总和求出平均成绩。

2. 任务知识点

(1) 指针与数组。

(2) 指针与动态内存分配。

基本知识

1. 数组的指针

一个数组包含若干个元素,每个数组元素在内存中都占用存储单元,每个存储单元都有地址,每个数组元素的地址就是数组元素的指针。一个数组的指针,就是数组在内存中的起始地址,也是第一个数组元素的地址。若数组变量名是第一个元素的地址,则一个数组的指针就是这个数组的数组变量名,例如,

```
int a[10];                              //定义数组 a
```

如图 8-6 所示,数组 a 的地址是 2000,而数组变量名 a 是第一个元素的地址,数组变量名 a 与地址 2000 等价,则 a 就是数组 a 的数组指针。每一个数组元素a[0]～a[9]在内存中的地址分别为 2000～2018,其指针分别为 a 到 a+9。

图 8-7 所示的地址等价关系:2000 等价 a,a 等价 &a[0],三者相互等价。也就是说数组变量名 a 是一个常量,不是变量,不允许存在 a++或 a—。

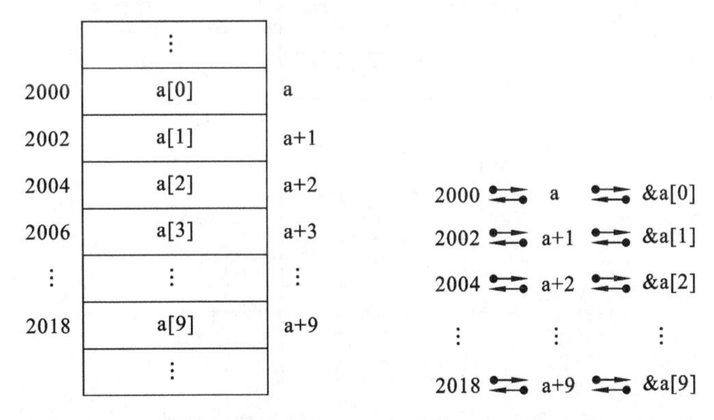

图 8-6 数组内存地址　　图 8-7 地址等价关系

可能有的同学会问,a[0]元素的地址是 2000,a[1]元素的地址为什么是 2002,而不是 2001?

我们定义的数组 a 是整型数据类型,整型数据在内存中占 2 个字节,所以一个数组元素在内存中占 2 个字节,因此 a[1]元素的地址是 2002。

如何用数组指针表示数组元素值呢?

&a[0]与 a 等价,表示 a[0]就等价于 * a;

&a[1]与 a+1 等价,表示 a[1]就等价于 * (a+1);

&a[2]与 a+2 等价,表示 a[1]就等价于 * (a+2),依次类推;

&a[9]与 a+9 等价,表示 a[9]就等价于 * (a+9)。

例如,

```
int a[10];
int k;
for(k=0;k<10;k++)
  a[k]=k;      //数组下标
```

等价

```
int a[10];
int k;
for(k=0;k<10;k++)
  *(a+k)=k;     //数组指针
```

2. 指向数组的指针变量

如果将数组的起始地址赋给某个指针变量，那么该指针变量就是指向数组的指针变量，例如，

```
int a[10];
int *p;
p=a;                                //p指向数组a
```

如图 8-8 所示，指针变量 p 指向数组 a，则存在以下关系。

p 指向数组的第 1 个元素 a[0]，p+1 指向数组的第 2 个元素 a[1]，p+2 指向数组的第 3 个元素 a[2]，依次类推，p+9 指向数组的第 10 个元素 a[9]。

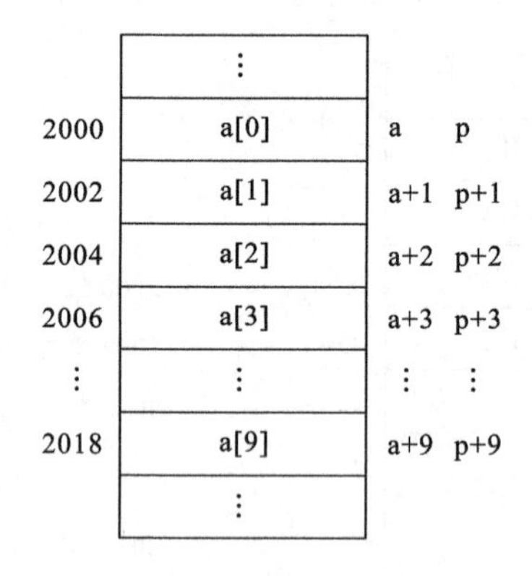

图 8-8　指针变量与数组的内存地址

根据指针变量与数组的关系，有如图 8-9 所示的等价关系。

等价地址		等价元素			
a	p	*a	*p	p[0]	a[0]
a+1	p+1	*(a+1)	*(p+1)	p[1]	a[1]
a+2	p+2	*(a+2)	*(p+2)	p[2]	a[2]
a+3	p+3	*(a+3)	*(p+3)	p[3]	a[3]
…	…	…	…	…	…
a+9	p+9	*(a+9)	*(p+9)	p[9]	a[9]

图 8-9　数组与指针变量的等价关系

根据等价关系，给数组赋值有如下几种等价形式。

形式一：

```
char str[10];
int k;
char *p=str;
for(k=0;k<10;k++)
  str[k]='A'+k;
```

形式二：

```
char str[10];
int k;
char *p=str;
for(k=0;k<10;k++)
   *(str+k)='A'+k;
```

形式三：

```
char str[10];
int k;
char *p=str;
for(k=0;k<10;k++)
  p[k]='A'+k;
```

形式四：

```
char str[10];
int k;
char *p=str;
for(k=0;k<10;k++)
   *(p+k)='A'+k;
```

3. 静态内存分配

当程序中定义变量或数组以后，系统就会给变量或数组按照其数据类型的大小来分配相应的内存单元，这种内存分配方式称为静态内存分配。静态内存分配一般是在已知数据量大小的情况下使用。

```
int k;//系统将给变量 k 分配 2 个字节的内存单元(VC++下分配 4 个字节)
char ch[10];//系统将给数组 ch 分配 10 个字节的内存单元
```

例如，要对 10 个学生的成绩按降序输出，则可定义一个数组“int score[10];”用于存放 10 个学生的成绩，然后再进行排序。

如果事先并不知道学生的具体人数，则在编写程序时，人数由用户输入，然后再输入学生的成绩。那么又该如何处理呢？

4. 动态内存分配

1）动态内存分配的一般形式

动态内存分配是指在程序运行过程中，根据程序的实际需要来分配一块大小合适的、连续的内存单元。

程序可以动态分配一个数组，也可以动态分配其他类型的数据单元。动态分配的内存需要有一个指针变量记录内存的起始地址。

C语言中，动态内存分配其实就是使用一个标准的库函数 malloc，其函数的原型为

void *malloc(unsigned int size)；

函数说明如下。

(1) size 这个参数的含义是分配内存的大小(以字节为单位)。

(2) 返回值。

① 若失败，则返回值是 NULL(空指针)。

② 若成功，则返回值是一个指向空类型(void)的指针，即所分配内存块的首地址。

例如，根据学生人数来建立数组的问题可以用动态内存分配来解决，其方法如下：

```
int n, *score;
scanf("%d",&n);                    //分配 n 个连续的整型单元，首地址赋给 score
score=(int *) malloc(n*sizeof(int));
if(score==NULL)                    //分配内存失败，则给出错误信息后退出
{
  printf("分配内存失败!");
  exit(0);
}
…                                  //可对 score 所指向的单元进行其他处理
```

2）使用 malloc 的注意事项

(1) malloc 前面必须要加上一个指针类型转换符，如前面的(int *)。因为 malloc 的返回值是空类型的指针，一般应与右边的指针变量类型一致。

(2) malloc 所带的一个参数是指需要分配的内存单元字节数，尽管可以直接用数字来表示，但一般写成如下形式：

分配数量 * sizeof(内存单元类型符)

(3) malloc 可能返回 NULL，表示分配内存失败，因此一定要检查分配的内存指针是否为空，如果是空指针，则不能引用这个指针，否则会造成系统崩溃。所以在动态内存分配语句的后面一般紧跟一条 if 语句以判断内存分配是否成功。

(4) 调用 malloc 和 free 函数的源程序中要包含 stdlib. h 或 malloc. h 或 alloc. h（在 TC、BC 下）。malloc 和 free 一般成对出现。

3）动态内存释放

计算机中最宝贵的资源就是内存。因此需要动态分配内存的程序一定要坚持及时释放。

释放动态内存的函数 free，其原型为

void　free(void * block)；

例如，“free(score)；”。

任务分析

1. 从用户角度分析

输入学生人数：5（任意人数）。

输入学生成绩：87、98、90、78、69（5 个学生的一门课程成绩）。

输出：最高分数为 98，最低分数为 69，

平均分数为 84。

2. 从程序员角度分析

算法设计如图 8-10 所示。

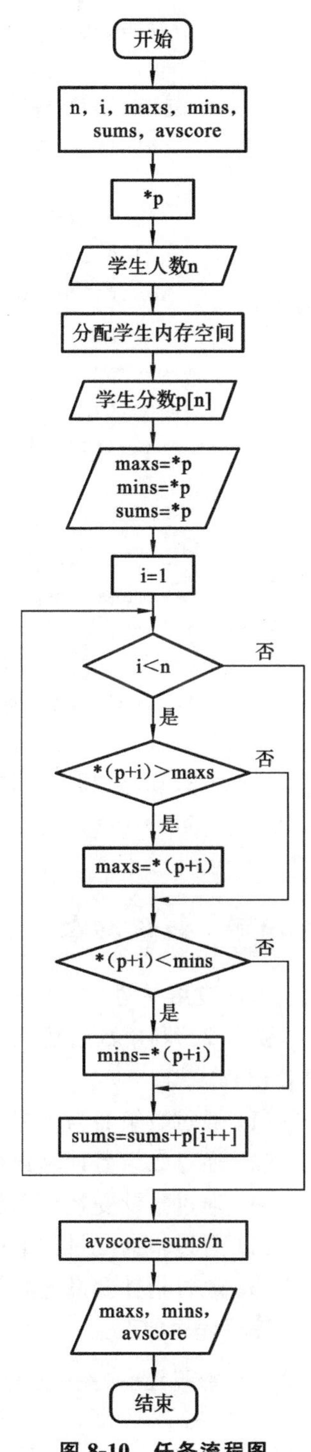

图 8-10　任务流程图

程序编写

```
#include<stdio.h>
#include<stdlib.h>
#include<malloc.h>

void main()
{
  int n,i;
  int maxs,mins,sums,avscore;
  int *p;
  printf("请输入学生人数:");
  scanf("%d",&n);
  if(n<=0) return;
      //如果学生人数为 0 或小于 0,则退出程序
  p=(int *)malloc(n*sizeof(int));
//动态分配内存空间
```

```
    if(p==NULL)
    {
      printf("内存分配失败!");
      exit(0);
    }
    printf("请输入学生分数:");
    for(i=0;i<n;i++)
      scanf("%d",p+i);
    maxs=*p;
    mins=*p;
    sums=*p;
    for(i=1;i<n;i++)
    {
      if(*(p+i)>maxs)maxs=*(p+i);     //找最大值
      if(*(p+i)<mins)mins=*(p+i);     //找最小值
      sums=sums+p[i];                 //对学生成绩求和
    }
    avscore=sums/n;
    printf("最高分数为:%d\n",maxs);
    printf("最低分数为:%d\n",mins);
    printf("平均分数为:%d\n",avscore);
    free(p);                          //释放内存空间
}
```

知识拓展

指针应用举例。

例 8.2 利用数组输入 10 个学生的 C 语言成绩，并用不同的方法输出数组中的 C 语言成绩。

(1) 通过数组名与下标，输出数组元素。

(2) 通过数组名计算数组元素地址，输出数组元素。

(3) 通过指针变量计算数组元素地址，输出数组元素。

(4) 通过指针变量与下标，输出数组元素。

(5) 通过指针变量先后指向各数组元素。

编写程序如下：

```
#include<stdio.h>
void main()
{
```

```
  int sc[10], *p,k;
  p=sc;
  for(k=0;k<10;k++)
    scanf("%d",sc+k);        //输入数组元素
  for(k=0;k<10;k++)
    printf("%d ",sc[k]);     //通过数组名与下标,输出数组元素
  printf("\n");
  for(k=0;k<10;k++)
    printf("%d ", *(sc+k)); //通过数组名计算数组元素地址,输出数组元素
  printf("\n");
  for(k=0;k<10;k++)
    printf("%d ", *(p+k));   //通过指针变量计算数组元素地址,输出数组
元素
  printf("\n");
  for(k=0;k<10;k++)
    printf("%d ",p[k]);      //通过指针变量与下标,输出数组元素
  printf("\n");
  for(p;p<(sc+10);p++)       //通过指针变量先后指向,各数组元素
    printf("%d ", *p);
  printf("\n");
```

例 8.3 编写计算字符串“xiantaozhiyuan jixiedianzi”长度的程序(串长度不含“\0”)

利用指针查找字符并计数,若字符为“\0”,表示字符串结束。

编写程序如下:

```
#include<stdio.h>
void main()
{
  int n=0;                                   //用于字符串计数
  char *p="xiantaozhiyuan jixiedianzi";     //定义计数字符串
                                             //p 指向字符串首地址
  while(*p!='\0')            //若字符不为\0
  {
    n++;
    p++;                     //指针指向下一个字符
  }
  printf("字符串的长度为:%d",n);
}
```

例 8.4 输入一个数组,并将这个数组元素逆置(采用指针法)。

(1) 如图 8-11 所示,若初始数组元素值为 1～8,要将其逆序,我们只需做 4 次交换。第 1 次将 a[0]与 a[7]交换,第 2 次将 a[1]与 a[6]交换,第 3 次将 a[2]与 a[5]交换,第 4 次将 a[3]与 a[4]交换。

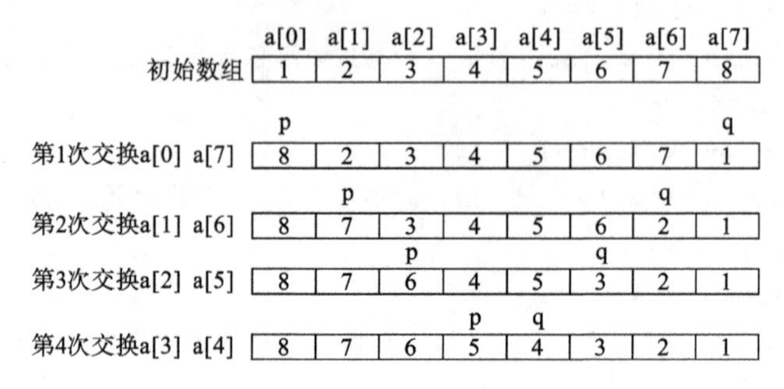

图 8-11 数组元素交换

(2) 题目要求采用指针法,可以定义两个指针变量 p、q,p 指向数组元素 a[0],q 指向数组元素 a[7]。首先交换 * p 与 * q,然后 p 向右移 p++,q 向左移 q--,依次进行,当 p>q 时,表示数据交换完毕。

编写程序如下:

```
#include<stdio.h>
void main( )
{
  int a[8], *p, *q,temp,i;
  printf("请输入数组元素:");          //数组输入
  for(p=a;p<a+8;p++)
    scanf("%d",p);
  printf("\n");
  for(p=a,q=a+7;p<q;p++,q--)        //交换数据
  {
    temp=*p;
    *p=*q;
    *q=temp;
  }
  printf("逆置后的数组为:");          //数组输出
  for(i=0;i<8;i++)
    printf("%d ",a[i]);
}
```

项目实施

项目分析

1. 从用户角度分析

学生成绩插入的输入/输出如图 8-12 所示。

学生成绩删除的输入/输出如图 8-13 所示。

2. 从程序员角度分析

(1) 学生成绩的插入,可以使用指针直接将数据插入数组。

(2) 根据学生学号删除学生成绩,可以使用指针将学号后的所有学生成绩向前移一个。

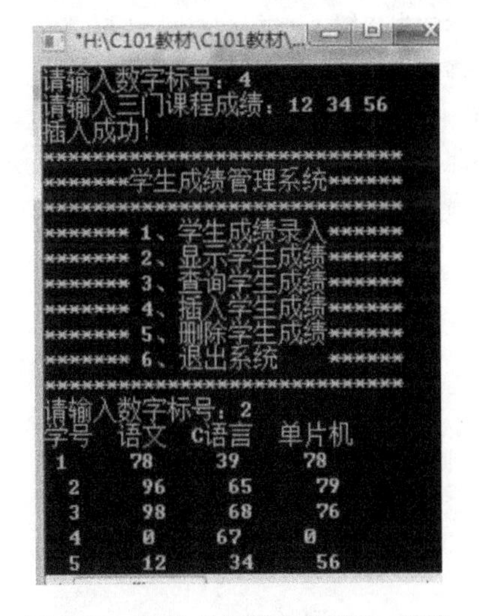

图 8-12　学生成绩插入的输入、输出

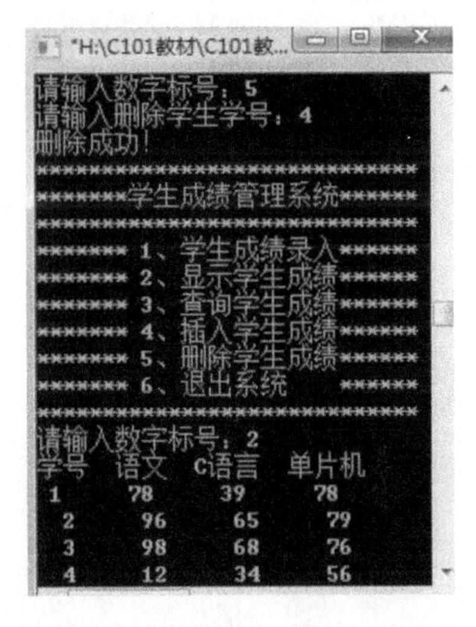

图 8-13　学生成绩删除的输入、输出

程序编写

```
#include<stdio.h>
#include<stdlib.h>
void average(int a[],int n);        //计算平均成绩函数
void scoreinput();                  //学生成绩录入函数
int maxNum();                       //查找学生课程成绩录入最多人数函数
void scoredisplay();                //学生成绩显示函数
void scoreFind(int n);              //学生成绩查询函数
```

```
void scoreInsert( );               //学生成绩插入函数
void scoredelet(int n);            //学生成绩删除函数
int t1=0,t2=0,t3=0,a11[100],a12[100],a13[100];
int *p1=a11, *p2=a12, *p3=a13;
void main( )
{
  int a3,a5;
  int i;
  do{
      printf("* * * * * * * * * * * * * * * * * * * * * * * * * *\n");
      printf("* * * * * * * 学生成绩管理系统 * * * * * *\n");
      printf("* * * * * * * * * * * * * * * * * * * * * * * * * *\n");
      printf("* * * * * * *  1、学生成绩录入 * * * * * *\n");
      printf("* * * * * * *  2、显示学生成绩 * * * * * *\n");
      printf("* * * * * * *  3、查询学生成绩 * * * * * *\n");
      printf("* * * * * * *  4、插入学生成绩 * * * * * *\n");
      printf("* * * * * * *  5、删除学生成绩 * * * * * *\n");
      printf("* * * * * * *  6、退出系统 * * * * * *\n");
      printf("* * * * * * * * * * * * * * * * * * * * * * * * * *\n");
      printf("请输入数字标号:");
      scanf("%d",&i);
      switch(i)
      {
        case 1:scoreinput( );
               break;
        case 2:printf("学号   语文   C语言   单片机\n");
               scoredisplay( );
               break;
        case 3:printf("请输入查询学生学号:");
               scanf("%d",&a3);
               printf("学号   语文   C语言   单片机\n");
               scoreFind(a3);
               break;
        case 4:scoreInsert( );break;
        case 5:printf("请输入删除学生学号: ");
               scanf("%d",&a5);
               scoredelet(a5);
               break;
```

```
        case 6:exit(0);
      }
  }while(1);
}
/*************************************/
/********计算学生平均成绩函数******/
/********函数参数:int a[],int***/
/********函数返回值:无 *********/
/*************************************/
void average(int a[],int n)
{
  int i;
  int sum=a[0],aver,max=a[0],min=a[0];
  for(i=1;i<n;i++)
  {
    sum+=a[i];
    if(a[i]>max)max=a[i];
    if(a[i]<min)min=a[i];
  }
  aver=sum/n;
  printf("平均值为:%d,最大值:%d,最小值:%d\n",aver,max,min);
}
/*************************************/
/********学生成绩录入函数**********/
/********函数返回值:无************/
/*************************************/
void scoreinput( )
{
  int a1;
  do{
      printf("**********************\n");
      printf("****1、语文成绩*****\n");
      printf("****2、C语言成绩****\n");
      printf("****3、单片机成绩***\n");
      printf("****4、返回上一级***\n");
      printf("**********************\n");
      printf("请输入课程标号: ");
      scanf("%d",&a1);
```

```
        switch(a1)
        {
          case 1: printf("请输入语文成绩(输入 0 作为结束):");
                  do{
                    scanf("%d",p1+t1);
                  }while(*(p1+t1++)!=0);
                  average(p1,t1-1);
                  break;
          case 2:printf("请输入 C 语言成绩(输入 0 作为结束):");
                  do{
                    scanf("%d",p2+t2);
                  }while(*(p2+t2++)!=0);
                  average(p2,t2-1);
                  break;
          case 3:printf("请输入单片机成绩(输入 0 作为结束):");
                  do{
                    scanf("%d",p3+t3);
                  }while(*(p3+t3++)!=0);
                  average(p3,t3-1);
                  break;
          case 4:break;
          default:printf("您输入的不是 1~4 数字标号,请重新输入!\n");
        }
    }while(a1!=4);
    t1=t2=t3=maxNum();
}
/***********************************/
/*********学生成绩显示函数***********/
/*********函数返回值:无*************/
/***********************************/
void scoredisplay( )
{
  int i;
  for(i=0;i<t1;i++)
  {
    printf(" %d  %d  %d  %d\n ",i+1,a11[i],a12[i],a13[i]);
  }
}
```

```
/*****************************************/
/**查找学生课程成绩输入最大个数函数**/
/********函数返回值:max************/
/*****************************************/
int maxNum()
{
  int max=t1-1;
  if(max<t2-1)max=t2-1;
  if(max<t3-1)max=t3-1;
  return max;
}

/*****************************************/
/********学生成绩查询函数**********/
/********函数参数:int**********/
/********函数返回值:无*********/
/*****************************************/
void scoreFind(int n)
{
  printf(" %d   %d   %d   %d\n ",n,a11[n-1],a12[n-1],a13[n-1]);
}
/*****************************************/
/********学生成绩插入函数**********/
/********函数返回值:无*********/
/*****************************************/
void scoreInsert()
{
  int i;
  i=t1;
  if(i<100)
  {
    printf("请输入三门课程成绩：");
    scanf("%d%d%d",p1+i,p2+i,p3+i);
    t1++;t2++;t3++;
    printf("插入成功!\n");
  }
  else
    printf("数组已满!\n");
```

```
}
/************************************/
/********学生成绩删除函数**********/
/********函数参数:int **********/
/********函数返回值:无 *********/
/************************************/
void scoredelet(int n)
{
  int i;
  if(n<=t1)
  {
    *(p1+n-1)=0;              //删除第 n 个学生数据
    *(p2+n-1)=0;
    *(p3+n-1)=0;
    t1--;t2--;t3--;           //学生人数减 1
    for(i=n-1;i<=t1;i++)      //将第 n 个学生后面的成绩向前平移一位
    {
      *(p1+i)=*(p1+i+1);
      p2[i]=p2[i+1];
      p3[i]=p3[i+1];
    }
    printf("删除成功!\n");
  }
  else    printf("输入学号不对!\n");
}
```

知识小结

(1) 关于指针的运算符主要有两个:取地址运算符“&”和取指针内容运算符“*”。“&”取变量的地址,为单目运算符,具有从右向左的结合性。“*”取地址所指向内存单元的值,为单目运算符,具有从右向左的结合性。

(2) 指针就是内存单元地址。

(3) 一个数组的指针就是这个数组的数组变量名。如果将数组的起始地址赋给某个指针变量,那么该指针变量就是指向数组的指针变量。

(4) 在程序中定义变量或数组后,系统就会给变量或数组按照其数据类型及大小来分配相应的内存单元,这种内存分配方式称为静态内存分配。所谓动态内存分配是指在程序运行过程中,根据程序的实际需要来分配一块大小合适、连续的内存单元。

(5) malloc 前面必须要加上一个指针类型转换符，如前面的(int *)。因为 malloc 的返回值是空类型的指针，一般应与右边的指针变量类型一致。

(6) 调用 malloc 和 free 函数的源程序中要包含 stdlib. h 或 malloc. h 或 alloc. h(在 TC、BC 下)。malloc 和 free 一般成对出现。

习　题　八

一、选择题

1. 若有以下定义和语句，且 0<=i<10，则对数组元素的错误引用是________。

```
int a[10]={1,2,3,4,5,6,7,8,9,10},*p,i;
p=a;
```

A. *(a+i)　　B. a[p-a]　　C. p+i　　D. *(&a[i])

2. 若有定义"int a[3][4];"，则________不能表示数组元素 a[1][1]。

A. *(a[1]+1)　　B. *(&a[1][1])

C. (*(a+1)[1])　　D. *(a+5)

3. 分析下面函数，以下说法正确的是________。

```
swap(int *p1,int *p2)
{ int *p;
  *p=*p1; *p1=*p2; *p2=*p;
}
```

A. 交换 *p1 和 *p2 的值　　B. 正确，但无法改变 *p1 和 *p2 的值

C. 交换 *p1 和 *p2 的地址　　D. 可能造成系统故障，因为使用了空指针

4. 设有定义"int(*ptr)[M];"其中 ptr 是________。

A. M 个指向整型变量的指针

B. 指向 M 个整型变量的函数指针

C. 一个指向具有 M 个整型元素的一维数组的指针

D. 具有 M 个指针元素的一维指针数组，每个元素都只能指向整型变量

5. 在说明语句"int *f();"中，标识符代表的是________。

A. 一个用于指向整型数据的指针变量

B. 一个用于指向一维数组的指针

C. 一个用于指向函数的指针变量

D. 一个返回值为指针型的函数名

6. 若“int x ,* pb;”,则正确的赋值表达式是________。

A. pb=&x　　　　B. pb=x;

C. * pb=&x;　　　　D. * pb= * x

7. 执行如下程序段后,a的值为________。

```
int * p,a=10,b=1;
p=&a;a=* p+b;
```

A. 12　　　　B. 11　　　　C. 10　　　　D. 编译出错

8. 变量的指针,其含义是指该变量的________。

A. 指　　　　B. 地址　　　　C. 名　　　　D. 一个标志

二、编程题

1. 编写一个程序,输入星期,输出该星期的英文名,用指针数组进行处理。

2. 输入一行字符,统计包含多少个单词,单词之间用空格分隔。

3. 输入3个整数,要求按逆序输出(用指针实现)。

4. 编写一个程序,给出一个一维数组的元素值,先后3次调用函数,分别求数组的元素之和、最大值和下标为奇数的元素之和。

项目九

C 语言位运算符

本项目主要是为衔接后续课程“单片机应用技术”，重点介绍了位逻辑运算符与、或、非的功能及使用方法，移位运算符的功能及使用方法。

项目重点、难点

(1) 位逻辑运算符与、或、非的功能及使用方法。

(2) 移位运算符的功能及使用方法。

任务一　计算两个整数的平均值且在运算过程中不产生溢出

任务描述

1. 任务理解

(1) 对于两个整数 x、y，如果用(x+y)/2 求平均值，则会产生溢出，因为中间过程 x+y 可能会超过整数范围 −32768～32767，但其平均值却在这个范围内。

(2) 逻辑位运算可以通过对位的操作防止溢出。

2. 任务知识点

位逻辑运算的使用方法。

基本知识

位逻辑运算符只能用于整型表达式，通常用于对整型变量进行位的设置、清零、取反，以及对某些选定的位进行检测。在程序中一般被程序员作为开关标志。在单片机程序中，经常需要对输入/输出设备进行位操作。主要的位逻辑运算符有

按位取反(～)、按位与(&)、按位或(|)、按位异或(^)。

1. 按位取反

(1) 按位取反运算符:～。

(2) 一般形式:

～操作数

例如,～9。

参与运算的操作数以补码形式出现。正数的补码等于原码,负数的补码等于原码取反加1。

(3) 功能:按位取反是对参与运算的数的各二进位补码按位求反。

例如,～9的运算过程。

取9的原码为0000000000001001,对其求反～(0000000000001001)后,加1,结果为1111111111110110。

(4) 程序举例。

```
#include<stdio.h>
void main()
{
  int a=9,b;
  b=~a;
  printf("a=%d,b=%d",a,b);
}
```

2. 按位与

(1) 按位与运算符:&。

(2) 一般形式:

左操作数 & 右操作数。

例如,6&7。

① 参与运算的左操作数、右操作数以补码形式出现。

② 按位与运算符为双目运算符,具有从左向右的结合性。

③ 参与运算的两数各对应的二进位相与,只有对应的两个二进位均为1时,结果位才为1,否则为0。

例如,计算6&7。

```
   00000110
&  00001110
-----------
   00000110
```

④ 程序举例。

```
#include<stdio.h>
void main( )
{
  int a=6,b=7;
  b=a&b;
  printf("a=%d,b=%d",a,b);
}
```

(3) 按位与运算的功能。

① 清零特定位的一般公式为

$$s=s\&mask$$

其中,s为待求数,mask为掩码数,mask中特定位置0,其他位置1,例如,把a的高八位清0,保留低八位,a=4560(10001110010000),则mask=0000000011111111,相当于a&255,计算式如下:

$$\begin{array}{r} 0010001110010000 \\ \&\quad 0000000011111111 \\ \hline 0000000010010000 \end{array}$$

程序举例:

```
#include<stdio.h>
void main( )
{
  int a=4560;
  a=a&0xff;    //255与0xff等价,255为十进制,0xff为十六进制
  printf("a=%d",a);
}
```

② 取某数中指定位的一般公式为

$$s=s\&mask$$

其中,mask中特定位置1,其他位为0。

例如,取1101101中的末三位,则mask=0000111,相当于109&7,计算式如下:

$$\begin{array}{r} 1101101 \\ \&\quad 0000111 \\ \hline 0000101 \end{array}$$

程序举例:

```
#include<stdio.h>
void main( )
```

```
{
  int a=109;
  a=a&0x07;   //7与0x07等价,7为十进制,0x07为十六进制
  printf("a=%d",a);
}
```

3. 按位或

(1) 按位或运算符:|。

(2) 一般形式:

左操作数|右操作数。

① 参与运算的左操作数、右操作数以补码形式出现。

② 按位或运算符为双目运算符,具有从左向右的结合性。

③ 参与运算的两数各对应的二进制位相或,只要对应的两个二进位有一个为1时,结果位就为1。

例如,计算8|7。

```
   00001000
|  00000111
-----------
   00001111
```

④ 程序举例:

```
#include<stdio.h>
void main()
{
  int a=8,b=7;
  b=a|b;
  printf("a=%d,b=%d",a,b);
}
```

(3) 按位或运算的功能。

常用于将源操作数某些位置1,其他位不变。

① 一般公式为

$$s=s|mask$$

其中,mask中特定位置1,其他位为0。

例如,把101100最后一位变成1。

mask=000001,计算式如下:

```
   101100
|  000001
---------
   101101
```

② 程序举例：

```
#include<stdio.h>
void main( )
{
  int a=44;
  a=a|0x01;
  printf("a=%d",a);
}
```

4. 按位异或

(1) 按位异或运算符：^。

(2) 一般形式：

左操作数^右操作数。

例如，6^7。

① 参与运算的左操作数、右操作数以补码形式出现。

② 按位异或运算符为双目运算符，具有从左向右的结合性。

③ 参与运算的两数各对应的二进位相异或，当两对应的二进位不同时，结果为1；当两对应的二进位相同时，结果为0。

例如，计算9^5。

```
  00001001
^ 00000101
----------
  00001100
```

④ 程序举例：

```
#include<stdio.h>
void main( )
{
  int a=9,b=5;
  b=a^b;
  printf("a=%d,b=%d",a,b);
}
```

(3) 按位异或运算的功能。

① 使特定位的值取反的一般公式为

$$s=s\verb|^|mask$$

其中，将mask中特定位置1，其他位为0。

例如，将 00111010 的中间四位取反，则 mask=00111100，计算公式如下：

```
  00111010
^ 00111100
----------
  00000110
```

程序举例：

```
#include<stdio.h>
void main()
{
  int a=0x3a;
  a=a|0x3c;
  printf("a=%d",a);
}
```

② 不引入第三变量，交换两个变量的值，如图 9-1 所示。

设 a=a1,b=b1		
操作	过程	操作后状态
第一步,a=a^b	a=a1^b1	a=a1^b1,b=b1
第二步,b=a^b	b=a1^b1^b1	a=a1^b1,b=a1
第三步,a=a^b	a=b1^a1^a1	a=b1,b=a1

图 9-1　采用异或交换变量值

程序函数编写如下：

```
void swap(int x,int y)
{
  x=x^y;
  y=y^x;
  x=x^y;
}
```

任务分析

1. 从用户角度分析

输入：30000、20000。

输出：25000。

2. 从程序员角度分析

根据位运算符的运算规律，因为有

$$x=(x\&y)+((x\hat{}y)\&x)$$

$$y=(x\&y)+((x\hat{}y)\&y)$$

而

$$((x\hat{}y)\&x)+((x\hat{}y)\&y)=x\hat{}y$$

所以

$$x+y=2*(x\&y)+(x\hat{}y)$$

变化后，有

$$(x+y)/2=(x\&y)+(x\hat{}y)/2$$

程序编写

```
#include<stdio.h>
void main()
{
  int x,y,aver;
  scanf("%d%d",&x,&y);
  aver=(x&y)+(x^y)/2;
  printf("aver=%d",aver);
}
```

任务二　采用移位运算符，将一个整数扩大8倍或缩小至1/8

任务描述

1. 任务理解

不用乘除法，将一个整数扩大8倍或缩小8倍，则可采用移位运算符，其运算速度比乘除法要快。

2. 任务知识点

(1) 左移运算符。

(2) 右移运算符。

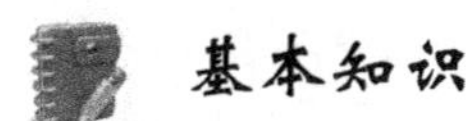

基本知识

1. 移位运算符

移位运算符就是在二进制的基础上对数字进行平移。按照平移的方向分为左移运算符“≪”和右移运算符“≫”。在进行移位运算时，byte、short、char型数据进行移位后的结果会变成 int 型数据，若对一个 long 型数据进行移位运算，最后得到的结果也是 long 型数据。

2. 左移

(1) 一般形式：

左操作数≪右操作数

(2) 说明：

① 左操作数、右操作数都是整型数据，其结果也是整型数据；

② 将左操作数向左移动数位。

如图 9-2 所示，右边空出的位上补 0，左边的位将从字头挤掉，则“≪”右边的数指定移动的位数，高位丢弃，低位补 0，移一位其值相当于乘以 2，移两位其值相当于乘以 2^2，移 n 位其值相当于乘以 2^n。

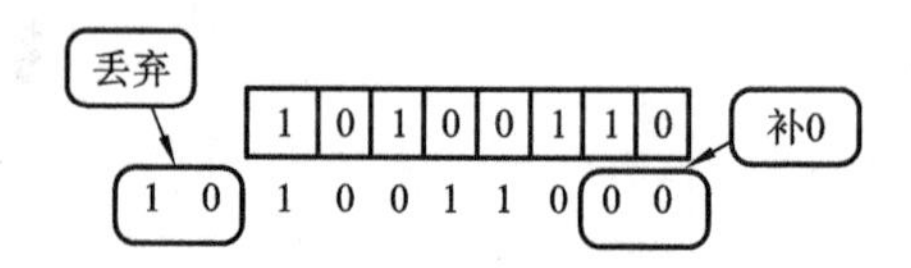

图 9-2　左移操作

(3) 举例：若 a=00000011(十进制 3)，执行

```
a<<4            //把 a 的各二进位向左移动 4 位
```

则相当于 00000011 左移 4 位后，得 00110000(十进制数 48)，

即

$$3\times 2^4=48$$

编写程序如下：

```
#include<stdio.h>
void main()
{
  int a=3;
  a=a<<4;
  printf("a=%d",a);
}
```

3. 右移

(1) 一般形式：

左操作数≫右操作数

(2) 说明：

① 左操作数、右操作数都是整型数据，其结果也是整型；

② 将左操作数向右移动数位，右边的位被挤掉。

如图 9-3 所示，对于左边移出的空位，若是正数则空位补 0；若为负数，则符号位不变，空位可能补 0 或补 1，这取决于所用的计算机系统。移一位其值相当于除以 2，移两位其值相当于除以 2^2，移 n 位其值相当于除以 2^n。

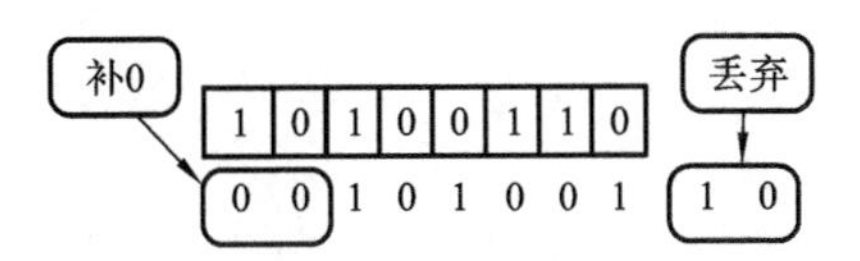

图 9-3 右移操作

(3) 举例：若 a=00001111(十进制 15)，执行

```
a>>2              //指把 a 的各二进位向左移动 2 位
```

则相当于 00001111 右移 2 位后，得 00000011（十进制数 3)，即 $a/2^n$，也就是$15/2^2=3$。

程序编写如下：

```
#include<stdio.h>
void main()
{
  int a=15;
  a=a>>2;
  printf("a=%d",a);
}
```

任务分析

1. 从用户角度分析

输入：40。

输出：320、5。

2. 从程序员角度分析

不用乘、除法扩大 8 倍和缩小 8 倍，采用左移 3 位和右移 3 位简单实现。

程序编写

```
#include<stdio.h>

void main()
{
  int a,biga,smalla;
  printf("请输入一个整数:");
  scanf("%d",&a);
```

```
    smalla=a>>3;
    biga=a<<3;
    printf("smalla=%d,biga=%d",smalla,biga);
}
```

知识拓展

位运算符应用举例。

(1) 判断 int 型变量 a 是奇数还是偶数：当 a&1=0 时，为偶数；当 a&1=1 时，为奇数。

(2) 取 int 型变量 a 的第 k 位(k=0,1,2,…,sizeof(int))，即 a≫k&1。

(3) 将 int 型变量 a 的第 k 位清 0，即 a=a&~(1≪k)。

(4) 将 int 型变量 a 的第 k 位置 1，即 a=a|(1≪k)。

(5) 取模运算转化成位运算(在不产生溢出的情况下)：

① a %(2^n) 等价于 a &(2^n-1)；

② a % 2 等价于 a & 1。

(6) x 的相反数表示为(~x+1)。

知识小结

(1) 位逻辑运算符只能用于整型表达式，通常用于对整型变量进行位的设置、清零、取反，以及对某些选定的位进行检测。在单片机程序中，经常需要对输入/输出设备进行位操作。

(2) 按位取反运算符，其功能是对参与运算的数的各二进位补码按位求反。

(3) 按位与运算符的功能，一是清零特定位；二是取某数中指定位。

(4) 按位或运算符的功能，常用于源操作数某些位置 1，其他位不变。

(5) 按位异或运算符的功能，一是使特定位的值取反；二是不引入第三变量，交换两个变量的值。

(6) 移位运算符就是在二进制数的基础上对数字进行平移。按照平移的方向分为左移运算符“≪”和右移运算符“≫”。

(7) 左移运算符“≪”，移一位其值相当于乘以 2，移两位其值相当于乘以 2^2，移 n 位其值相当于乘以 2^n。

(8) 右移运算符“≫”，移一位其值相当于除以 2，移两位其值相当于除以 2^2，移 n 位其值相当于除以 2^n。

习　题　九

一、填空题

1. 在C语言中,&运算符作为单目运算符时表示的是________运算,作为双目运算符时表示的是________运算。

2. 与表达式a&=b等价的其他书写形式是________。

二、选择题

1. 以下运算符中优先级别最低的是________,优先级别最高的是________。

A. &&　　B. &　　C. ||　　D. |

2. 在C语言中,要求操作数必须是整型的运算符是________。

A. ^　　B. %　　C. !　　D. >

3. sizeof(float)是________。

A. 一种函数调用　　B. 一个不合法的表示形式

C. 一个整型表达式　　D. 一个浮点表达式

4. 表达式0x13&0x17的值是________。

A. 0x17　　B. 0x13　　C. 0xf8　　D. 0xec

5. 在位运算中,操作数每左移一位,其结果相当于________。

A. 操作数乘以2　　B. 操作数除以2

C. 操作数除以4　　D. 操作数乘以4

附录A

C语言中的关键字

关键字	作　用	关键字	作　用
auto	声明自动变量，一般省略	const	声明只读变量
double	声明双精度变量或函数	float	声明浮点型变量或函数
int	声明整型变量或函数	short	声明短整型变量或函数
struct	声明结构体变量或函数	unsigned	声明无符号类型变量或函数
break	跳出当前循环	continue	结束当前循环，开始下一轮循环
else	条件语句否定分支（与 if 连用）	for	一种循环语句
long	声明长整型变量或函数	signed	声明有符号类型变量或函数
switch	用于开关语句	void	声明函数无返回值、无参数
case	用于开关语句	default	开关语句中的其他分支
enum	声明枚举类型	goto	无条件跳转语句
register	声明寄存器变量	sizeof	计算数据类型长度
typedef	用于给数据类型取别名	volatile	变量在程序执行中可隐含地改变
char	声明字符型变量或函数	do	循环语句的循环体
extern	声明变量是在其他文件中	while	循环语句的循环条件
return	子程序返回语句	static	声明静态变量
union	声明联合数据类型	if	条件语句

附录 B

标准 ASCII 码字符编码

高四位 \ 低四位		ASCII 非打印控制字符										ASCII 打印字符												
		0000					0001					0010		0011		0100		0101		0110		0111		
		0					1					2		3		4		5		6		7		
低四位		十进制	字符	Ctrl	代码	字符解释	十进制	字符	Ctrl	代码	字符解释	十进制	字符	十进制	字符	十进制	字符	十进制	字符	十进制	字符	十进制	字符	Ctrl
0000	0	0	BLANK FULL	^@	NUL	空	16	►	^P	DLE	数据链路转意	32		48	0	64	@	80	P	96	`	112	p	
0001	1	1	☺	^A	SOH	头标开始	17	◄	^Q	DC1	设备控制1	33	!	49	1	65	A	81	Q	97	a	113	q	
0010	2	2	☻	^B	STX	正文开始	18	↕	^R	DC2	设备控制2	34	″	50	2	66	B	82	R	98	b	114	r	
0011	3	3	♥	^C	ETX	正文结束	19	!!	^S	DC3	设备控制3	35	#	51	3	67	C	83	S	99	c	115	s	
0100	4	4	◆	^D	EOT	传输结束	20	¶	^T	DC4	设备控制4	36	$	52	4	68	D	84	T	100	d	116	t	
0101	5	5	♣	^E	ENQ	查询	21	§	^U	NAK	反确认	37	%	53	5	69	E	85	U	101	e	117	u	
0110	6	6	♠	^F	ACK	确认	22	▬	^V	SYN	同步空闲	38	&	54	6	70	F	86	V	102	f	118	v	

续表

高四位 / 低四位		ASCII 非打印控制字符										ASCII 打印字符												
		0000					0001					0010		0011		0100		0101		0110		0111		
		0					1					2		3		4		5		6		7		
		十进制	字符	Ctrl	代码	字符解释	十进制	字符	Ctrl	代码	字符解释	十进制	字符	十进制	字符	十进制	字符	十进制	字符	十进制	字符	十进制	字符	Ctrl
0111	7	7	●	^G	BEL	震铃	23	↨	^W	ETB	传输块结束	39	′	55	7	71	G	87	W	103	g	119	w	
1000	8	8	◘	^H	BS	退格	24	↑	^X	CAN	取消	40	(	56	8	72	H	88	X	104	h	120	x	
1001	9	9	○	^I	TAB	水平制表符	25	↓	^Y	EM	媒体结束	41	)	57	9	73	I	89	Y	105	i	121	y	
1010	A	10	◙	^J	LF	换行/新行	26	→	^Z	SUB	替换	42	*	58	:	74	J	90	Z	106	j	122	z	
1011	B	11	♂	^K	VT	竖直制表符	27	←	^;	ESC	转意	43	+	59	;	75	K	91	;	107	k	123	{	
1100	C	12	♀	^L	FF	换页/新页	28	∟	^\	FS	文件分隔符	44	,	60	<	76	L	92	\	108	l	124	|	
1101	D	13	♪	^M	CR	回车	29	↔	^]	GS	组分隔符	45	-	61	=	77	M	93	]	109	m	125	}	
1110	E	14	♫	^N	SO	移出	30	▲	^6	RS	记录分隔符	46	.	62	>	78	N	94	^	110	n	126	~	
1111	F	15	☼	^O	SI	移入	31	▼	^—	US	单元分隔符	47	/	63	?	79	O	95	_	111	o	127	△	^Back space

附录C

C语言运算符与结合性

优先级	运算符	名称或含义	使用形式	结合方向	说明
1	[]	数组下标	数组名[常量表达式]	左到右	
	()	圆括号	(表达式)/函数名(形参表)		
	.	成员选择(对象)	对象.成员名		
	->	成员选择(指针)	对象指针->成员名		
2	-	负号运算符	-表达式	右到左	单目运算符
	(类型)	强制类型转换	(数据类型)表达式		
	++	自增运算符	++变量名或变量名++		单目运算符
	--	自减运算符	--变量名或变量名--		单目运算符
	*	取值运算符	*指针变量		单目运算符
	&	取地址运算符	&变量名		单目运算符
	!	逻辑非运算符	!表达式		单目运算符
	~	按位取反运算符	~表达式		单目运算符
	sizeof	长度运算符	sizeof(表达式)		
3	/	除	表达式/表达式	左到右	双目运算符
	*	乘	表达式*表达式		双目运算符
	%	余数(取模)	整型表达式/整型表达式		双目运算符
4	+	加	表达式+表达式	左到右	双目运算符
	-	减	表达式-表达式		双目运算符

续表

<table>
<tr><th>优先级</th><th>运算符</th><th>名称或含义</th><th>使用形式</th><th>结合方向</th><th>说明</th></tr>
<tr><td rowspan="2">5</td><td>≪</td><td>左移</td><td>变量≪表达式</td><td rowspan="2">左到右</td><td>双目运算符</td></tr>
<tr><td>≫</td><td>右移</td><td>变量≫表达式</td><td>双目运算符</td></tr>
<tr><td rowspan="4">6</td><td>＞</td><td>大于</td><td>表达式＞表达式</td><td rowspan="4">左到右</td><td>双目运算符</td></tr>
<tr><td>＞＝</td><td>大于等于</td><td>表达式＞＝表达式</td><td>双目运算符</td></tr>
<tr><td>＜</td><td>小于</td><td>表达式＜表达式</td><td>双目运算符</td></tr>
<tr><td>＜＝</td><td>小于等于</td><td>表达式＜＝表达式</td><td>双目运算符</td></tr>
<tr><td rowspan="2">7</td><td>＝＝</td><td>等于</td><td>表达式＝＝表达式</td><td rowspan="2">左到右</td><td>双目运算符</td></tr>
<tr><td>！＝</td><td>不等于</td><td>表达式！＝表达式</td><td>双目运算符</td></tr>
<tr><td>8</td><td>&</td><td>按位与</td><td>表达式 & 表达式</td><td>左到右</td><td>双目运算符</td></tr>
<tr><td>9</td><td>^</td><td>按位异或</td><td>表达式^表达式</td><td>左到右</td><td>双目运算符</td></tr>
<tr><td>10</td><td>|</td><td>按位或</td><td>表达式|表达式</td><td>左到右</td><td>双目运算符</td></tr>
<tr><td>11</td><td>&&</td><td>逻辑与</td><td>表达式 && 表达式</td><td>左到右</td><td>双目运算符</td></tr>
<tr><td>12</td><td>||</td><td>逻辑或</td><td>表达式||表达式</td><td>左到右</td><td>双目运算符</td></tr>
<tr><td>13</td><td>?:</td><td>条件运算符</td><td>表达式1? 表达式2: 表达式3</td><td>右到左</td><td>三目运算符</td></tr>
<tr><td rowspan="11">14</td><td>＝</td><td>赋值运算符</td><td>变量＝表达式</td><td rowspan="11">右到左</td><td></td></tr>
<tr><td>/＝</td><td>除后赋值</td><td>变量/＝表达式</td><td></td></tr>
<tr><td>*＝</td><td>乘后赋值</td><td>变量*＝表达式</td><td></td></tr>
<tr><td>%＝</td><td>取模后赋值</td><td>变量%＝表达式</td><td></td></tr>
<tr><td>＋＝</td><td>加后赋值</td><td>变量＋＝表达式</td><td></td></tr>
<tr><td>－＝</td><td>减后赋值</td><td>变量－＝表达式</td><td></td></tr>
<tr><td>≪＝</td><td>左移后赋值</td><td>变量≪＝表达式</td><td></td></tr>
<tr><td>≫＝</td><td>右移后赋值</td><td>变量≫＝表达式</td><td></td></tr>
<tr><td>&＝</td><td>按位与后赋值</td><td>变量 &＝表达式</td><td></td></tr>
<tr><td>^＝</td><td>按位异或后赋值</td><td>变量^＝表达式</td><td></td></tr>
<tr><td>|＝</td><td>按位或后赋值</td><td>变量|＝表达式</td><td></td></tr>
<tr><td>15</td><td>，</td><td>逗号运算符</td><td>表达式，表达式，…</td><td>左到右</td><td>从左向右
顺序运算</td></tr>
</table>

附录 D

C 语言常用标准库函数

1. 数学函数

使用数学函数(如表 D.1 所示)时,应该在该源文件中使用如下语句:

```
#include<math.h> 或#include"math.h"
```

表 D.1　数学函数表

函数名称	函数与形参类型	函数功能	返回值
acos	double acos(x) double x;	计算 cos^{-1}(x)的值 －1＜＝x＜＝1	计算结果
asin	double asin(x) double x;	计算 sin^{-1}(x)的值 －1＜＝x＜＝1	计算结果
atan	double atan(x) double x;	计算 tan^{-1}(x)的值	计算结果
atan2	double atan2(x,y) double x;	计算 tan^{-1}(x/y)的值	计算结果
cos	double cos(x) double x;	计算 cos(x)的值 x 的单位为弧度	计算结果
cosh	double cosh(x) double x;	计算 x 的双曲余弦 cosh 的值	计算结果
exp	double exp(x) double x;	求 e^x 的值	计算结果
fabs	double fabs(x) double x;	求 x 的绝对值	计算结果
floor	double floor(x) double x;	求不大于 x 的最大整数	该整数的双精度实数

续表

函数名称	函数与形参类型	函数功能	返回值
fmod	double fmod(x,y) double x,y;	求整除 x/y 的余数	返回余数的双精度实数
frexp	double frexp(val,eptr) double val; int * eptr	把双精度实数 val 分解为数字部分(尾数)和以 2 为底的指数 n,即 val=x * 2^n,n 存放在 eptr 指定的变量中	数字部分 x 0.5<=x<1
log	double log(x) double x;	求 lnx	计算结果
log10	double log 10(x) double x;	求 lgx	计算结果
modf	double modf(val,iptr) double val; double * iptr	把双精度实数 val 分解为整数部分和小数部分,把整数部分存到 iptr 指向的单元	val 的小数部分
pow	double pow(x,y) double x,y	计算 x^y 的值	计算结果
sin	double sin(x) double x;	计算 sin(x)的值 x 的单位为弧度	计算结果
sinh	double sinh(x) double x;	计算 x 的双曲线正弦函数 sinh(h)的值	计算结果
sprt	double sprt(x) double x;	计算$\sqrt{x}$(x≥0)	计算结果
tan	double tan(x) double x;	计算 tan(x)的值 x 位为弧度	计算结果
tanh	double tanh(x) double x;	计算 x 的双曲线正切函数 tanh(x)的值	计算结果

2. 字符函数

使用字符函数(如表 D.2 所示)时,应该在该源文件中使用如下语句:

```
#include<ctype.h> 或#include"ctype.h"
```

表 D.2　字符函数表

函数名称	函数与形参类型	函数功能	返回值
isalnum	int isalnum(ch) int ch;	检查 ch 是否是字母或数字	是字母或数字，则返回1；否则返回0
isalpha	int isalpha(ch) int ch;	检查 ch 是否字母	是字母，则返回1；否则返回0
iscntrl	int iscntrl(ch) int ch;	检查 ch 是否控制字母(其ASCII码在0和0xlf之间)	是控制字符，则返回1；否则返回0
isdigit	int isdigit(ch) int ch;	检查 ch 是否数字(0～9)	是数字，则返回1；否则返回0
isgraph	int isgraph(ch) int ch;	检查 ch 是否是可打印字符(其ASCII码在0×21到0×7e之间)不包括空格	是可打印字符返回1；否则返回0
islower	int islower(ch) int ch	检查 ch 是否是小写字母(a～z)	是小写字母返回1；否则返回0
isprint	int isprint(ch) int ch	检查 ch 是否可打印字符(不包括空格)，其ASCII码值在0×21到0×7e之间	是可打印字符，返回1；否则返回0
isspace	int isspace(ch) int ch;	检查 ch 是否空格、跳格符(制表符)或换行符	是，返回1；否则返回0
isupper	int isupper(ch) int ch;	检查 ch 是否大写字母(A～Z)	是大写字母，返回1；否则返回0
isxdigit	int isxdigit(ch) int ch	检查 ch 是否一个十六进制数字(即0～9，或A～F，a～f)	是，返回1；否则返回0
tolower	int tolower(ch) int ch	将 ch 字符转换为小写字母	返回 ch 对应的小写字母
toupper	int toupper(ch) int ch	将 ch 字符转换为大写字母	返回 ch 对应的大写字母

3. 字符串函数

使用字符串函数(如表D.3所示)时，应该在该源文件中使用如下语句：

```
#include<string.h> 或#include"string.h"
```

表 D.3 字符串函数表

函数名称	函数与形参类型	函数功能	返回值
memchr	void memchr(buf,ch,count) void * buf;char ch; unsigned int count;	在 buf 的前 count 个字符里搜索字符 ch 首次出现的位置	返回值指向 buf 中 ch 第一次出现的位置指针;若没有找到,则 ch 返回 NULL
memcmp	int memcmp(buf1,buf2,count) void * buf1, * buf2; unsigned int count	按字典顺序比较由 buf1 和 buf2 指向数组的前 count 个字符	若 buf1 < buf2,则返回负数; 若 buf1 = buf2,则返回 0; 若 buf1 > buf2,则返回正数
memcpy	void * memcpy(to,from,count) void * to, * from; unsigned int count;	将 from 指向数组中的前 count 个字符拷贝到 to 指向的数组中,from 和 to 指向的数组不允许重叠	返回指向 to 的指针
mem-move	void * mem-move (to,from,count) void * to, * from; unsigned int count;	将 from 指向的数组中的前 count 个字符拷贝到 to 指向的数组中,from 和 to 指向的数组可以允许重叠	返回指向 to 的指针
memset	void * memset(buf, ch,count) void * buf;char ch; unsigned int count;	将字符 ch 拷贝到 buf 所指向的数组的前 count 个字符串	返回 buf
strcat	char * strcat(str1,str2) char * str1, * str2;	把字符串 str2 接到 str1 后面,取消原来的 str1 最后面的串结束符'\0'	返回 str1
strchr	char * strchr(str,ch) char * str; int ch;	找出 str 指向的字符串中第一次出现字符 ch 的位置	若找到,则返回指向该位置的指针;若找不到,则返回 NULL
strcmp	int strcmp(str1,str2) char * str1 , * str2;	比较字符串 str1 和 str2	若 str1<str2,则返回负数; 若 str1 = str2,则返回 0; 若 str1>str2,则返回正数

续表

函数名称	函数与形参类型	函数功能	返回值
strcpy	char * strcpy(str1,str2) char * str1, * str2;	把str2指向的字符串拷贝到str1中	返回str1
strlen	unsigned int strlen(str) char * str;	统计字符串str中字符的个数(不包括终止符'\0')	返回字符个数
strncat	char * strncat(str1,str2,count) char * str1, * str2; unsigned int count;	把字符串str2指向的字符串中最多count个字符连到串str1后面,并以NULL结尾	返回str1
strncmp	int strncmp(str1, str2,count) char * str1, * str2; unsigned int count;	比较字符串str1和str2中最多的前count字符	若str1<str2,则返回负数; 若str1=str2,则返回0; 若str1>str2,则返回正数
strncpy	char * strncpy(str1,str2,count) char * str1, * str2; unsigned int count;	把str2指向的字符串中最多前count个字符拷贝到str1中	返回str1
strnset	char * strnset(buf, ch,count) char * buf;char ch; unsigned int count;	将字符ch拷贝到buf所指向的数组的前count个字符串	返回buf
strset	char * strset(buf,ch) char * buf;char ch;	将buf所指向字符串中的全部字符都变为ch	返回buf
strstr	char * strstr(str1,str2) char * str1, * str2;	寻找str2指向的字符串,在str1指向的字符串中首次出现的位置	若找到,则返回str2指向的子串首次出现的地址;否则,返回NULL

4. 输入/输出函数

使用输入/输出函数(如表D.4所示)时,应该在该源文件中使用如下语句:

```
#include<stdio.h> 或#include"stdio.h"
```

表 D.4 输入/输出函数表

函数名称	函数与形参类型	函数功能	返回值
clearerr	void clearerr(fp) FILE * FP;	清除文件指针错误	无
close	int close(fp) int fp;	关闭文件(非 ANSI 标准)	若关闭文件成功,则返回 0;否则返回-1
creat	int creat(filename,mode) char * filename; int mode;	以 mode 所指定的方式建立文件(非 ANSI 标准)	若成功,则返回正数;否则返回-1
eof	in eof(fd) int fd;	判断文件(非 ANSI 标准)是否结束	若遇文件结束,则返回 1;否则返回 0
fclose	int fclose(fp) FILE * fp;	关闭 fp 所指向的文件,释放文件缓冲区	若关闭文件成功返回 0;否则返回非 0
feof	int feof(fp) FILE * fp;	检查文件是否结束	若遇文件结束,则返回非 0,否则返回 0
ferror	int frrrorfp) FILE * fp;	测试 fp 所指向的文件是否有错误	若无错误,则返回 0,否则返回非 0
fflush	int fflush(fp) FILE * FP;	将 fp 所指向的文件的控制信息和数据存盘	若存盘正确,则返回 0;否则返回非 0
fgetc	in fgetc(fp) FILE * fp;	从 fp 指向的文件中取得下一个字符	返回得到的字符。若出错,则返回 EOF
fgets	char * fgets(buf,n,fp) char * buf;int n; FILE * fp;	从 fp 指向的文件中读取一个长度为(n-1)的字符串,存入起始地址为 buf 空间	返回地址 buf。若遇文件结束或出错,则返回 EOF
fopen	FILE * fopen(filename,mode) char * filename. * mode;	以 mode 指定的方式打开名为 filename 文件	若文件打开成功,则返回一个文件指针;否则,返回 0
fprintf	int fprintf(fp,format,args,…) FILE * fp; char * format;	把 args 的值以 format 指定的格式输出到 fp 所指向的文件	实际输出的字符数
fputc	int fputc(ch,fp) char ch; FILE * FP;	将字符 ch 输出到 fp 指向的文件	若成功,则返回该字符;否则,返回 EOF

续表

函数名称	函数与形参类型	函数功能	返回值
fputs	int fputs(str,fp) char str; FILE * fp;	将str所指定的字符串输出到fp指向的文件	若成功,则返回0;若出错,则返回EOF
fread	int fread(pt,size,n,fp) char * pt; unsigned size; unsigned n; FILE * fp;	从fp所指定的文件中读取长度为size的n个数据项,存到pt所指向的内存区	返回所读的数据项个数。若遇文件结束或出错,则返回0
fscanf	int fscanf(fp,format,args,…) FILE * fp; char format;	从fp指定的文件中按给定的format格式将读入的数据传送到args(args是指针)所指向的内存变量中	已输入的数据个数
fseek	int fseek(fp,offset,base) FILE * fp; long offset; int base;	将fp所指向文件的位置指针移到base所指向的位置为基准,以offset为位移量的位置	返回当前位置,否则返回－1
ftell	long ftell(fp) FILE * fp;	返回fp所指向的文件中的读写位置	返回文件中的读写位置,否则返回0
fwrite	int fwrite(ptr,size,n,fp) char * ptr; FILE * fp; unsigned size,n;	把ptr所指向的n * size个字节输出到fp所指向的文件	返回写到fp文件中的数据项的个数
getc	int getc(fp) FILE * fp	从fp指向的文件中读入下一个字符	返回读入的字符。若文件结束后或出错,则返回EOF
getchar	int getchar()	从标准输入设备读取下一个字符	返回字符,若文件结束或出错返回－1
gets	char * gets(str) char * str;	从标准输入设备读取字符串存入str所指向的数组	若成功,则返回指针str;否则,返回NULL
open	int open(filename,mode) char * filename; int mode;	以mode指定的方式打开已存在的名为filename的文件(非ANSI标准)	返回文件号(正数)。若文件打开失败,则返回－1

续表

函数名称	函数与形参类型	函数功能	返回值
printf	int printf(format,args,…) char * format;	在 format 指定的字符串的控制下,将输出列表 args 的值输出到标准输出设备	返回输出的字符个数。若出错,则返回负数
putc	int putc(ch,fp) int ch; FILE * fp;	把一个字符 ch 输出到 fp 所指向的文件	返回输出的字符 ch。若出错,则返回 EOF
putchar	int putchar(ch) char ch;	把字符 ch 输出到标准的输出设备	返回输出字符 ch。若出错,则返回 EOF
puts	int puts(str) char * str;	把 str 指向的字符串输出到标准输出设备,将'\0'转换为回车换行	返回换行符。若失败,则返回 EOF
putw	int putw(w,fp) int I; FILE * fp;	将一个整数 I(一个字)写到 fp 所指向的文件(非 ANSI 标准)	返回并输出整数;若出错,则返回 EOF
read	int read(fd,buf,count) int fd; char * buf; unsigned int count;	从文件号 fd 所指向的文件(非 ANSI 标准)中读 count 个字节到 buf 所指向的缓冲区	返回读入的字节个数。若遇文件结束,则返回 0;若出错,则返回－1
remove	int remove(fname) char * fname;	删除以 fname 为文件名的文件	若成功,则返回 0;若出错,则返回－1
rename	int rename(oname,nname) char * oname, * nname;	把 oname 所指向的文件名改为由 nname 所指向的文件名	若成功,则返回 0;若出错,则返回－1
rewind	void rewind(fp) FILE * fp;	将 fp 指向的文件指针置于文件头,并清除文件结束标志和错误标志	若成功,则返回 0;若出错,则返回非零值
scanf	int scanf(format,args,…) char * format;	从标准输入设备按 format 指示的格式字符串规定的格式,输入数据给 args 所指示的单元。args 为指针	读入并赋给 args 数据个数。若遇文件结束则返回 EOF;若出错,则返回 0
write	inr write(fd,buf,count) int fd; char * buf; unsigned count;	从 buf 指示的缓冲区输出 count 个字符到 fp 所指向的文件(非 ANSI 标准)	返回实际输出的字节数。若出错,则返回－1

5. 动态存储分配函数

使用动存储分配函数(如表D.5所示)时,应该在该源文件中使用如下语句:

#include<stdlib.h> 或#include"stdlib.h"和#include<malloc.h>

表D.5 动态存储分配函数表

函数名称	函数与形参类型	函数功能	返回值
calloc	void * calloc(n,size) unsigned n; unsigned size;	分配n个数据项的内存连续空间,每个数据项的大小为size	返回分配内存单元的起始地址。若不成功,则返回0
free	void free(p) void * p;	释放p所指向的内存区	无
malloc	void * malloc(size) unsigned size;	分配size字节的内存区	返回所分配的内存区地址。若内存不够,则返回0
realloc	void * realloc(p,size) void * p; unsigned size	将p所指向的已分配的内存区的大小改为size,size可以比原来分配的空间大或小	返回指向该内存区的指针。若重新分配失败,则返回NULL

6. 其他函数

其他函数(如表D.6所示)是C语言的标准库函数,由于不便归入某一类,所以单独列出。函数的原型在stdlib.h中。

表D.6 其他函数表

函数名称	函数与形参类型	函数功能	返回值
abs	int abs(num) int num;	计算整数num的绝对值	返回计算结果
atof	double atof(str) char * str;	将str所指向的字符串转换为一个double型的值	返回双精度计算结果
atoi	int atoi(str) char * str;	将str所指向的字符串转换为一个int型的整数	返回转换结果
atol	long atol(str) char * str;	将str所指向的字符串转换一个long型的整数	返回转换结果
exit	void exit(status) int status;	终止程序运行,将status的值返回调用的过程	无

续表

函数名称	函数与形参类型	函数功能	返回值
itoa	char * itoa(n,str,radix) int n,radix; char * str	将整数 n 的值按照 radix 进制转换为等价的字符串,并将结果存入 str 所指向的字符串	返回一个指向 str 的指针
labs	long labs(num) long num	计算长整数 num 的绝对值	返回计算结果
ltoa	char * ltoa(n,str,radix) long int n; int radix; char * str;	将长整数 n 的值按照 radix 进制转换为等价的字符串,并将结果存入 str 所指向的字符串	返回一个指向 str 的指针
rand	int rand()	产生 0 到 RAND-MAX 之间的伪数。 RAND-MAX 在头文件中定义	返回一个伪随机数
random	int random(num) int num;	产生 0 到 num 之间的随机数	返回一个随机数
randomize	void randomize()	初始化随机函数。使用时要求包含头文件 time. h	无
system	int system(str) char * str;	将 str 所指向的字符串作为命令,传送 DOS 的命令处理器	返回所执行命令的退出状态
strod	double strod(start,end) char * start; char * * end;	将 start 所指向的数字字符串转换成 double,直到出现不能转换为浮点数的字符为止,剩余的字符串赋给指针 end。 * HUGE-VAL 是 Turbo C 在头文件 math. h 中定义的数学函数溢出标志值	返回转换结果。若未转换,则返回 0。若转换出错,则返回 HUGE-VAL,表示上溢,或返回 — HUGE-VAL,表示下溢
strtol	long int strtol(start,end,radix) char * start; char * * end; int radix	将 start 所指向的数字字符串转换成 long,直到出现不能转换为长整型数的字符为止,剩余的字符串赋给指针 end。转换时,数字的进制由 radix 确定。 * LONG-MAX 是 turbo C 在头文件 limits. h 中定义的 long 型可表示的最大值	返回转换结果。若未转换,则返回 0;若转换出错,则返回 LONG-VAL,表示上溢,或返回 — LONG-VAL,表示下溢

参 考 文 献

[1] 谭浩强.C语言程序设计[M].2版.北京:清华大学出版社,2008.

[2] 谭浩强.C语言程序设计题解与上机指导[M].3版.北京:清华大学出版社,2007.

[3] 王敬华,等.C语言程序设计教程[M].2版.北京:清华大学出版社,2005.

[4] Kenneth A. Reek. C和指针[M].徐波,译.北京:人民邮电出版社,2003.

[5] Andrew Koenig . C陷阱与缺陷[M].高巍,译.北京:人民邮电出版社,2002.